Daniele Gasparri

I colori dell'Universo

Copyright © 2017 Daniele Gasparri
ISBN: 978-1979352659

Questa opera è protetta dalla legge sul diritto d'autore. Tutti i diritti, in particolare quelli relativi alla ristampa, traduzione, all'uso di figure e tabelle, alla citazione orale, alla trasmissione radiofonica o televisiva, alla riproduzione su microfilm o in database, alla diversa riproduzione in qualsiasi altra forma, cartacea o elettronica, rimangono riservati anche nel caso di utilizzo parziale. La riproduzione di questa opera, o di parte di essa, è ammessa nei limiti stabiliti dalla legge sul diritto d'autore.

In copertina, fronte: La nebulosa Testa di Cavallo, nella costellazione di Orione, è un meraviglioso complesso in cui sono visibili nebulose oscure, a emissione e a riflessione, che risplendono dal blu al rosso.
Retro: Il centro della Via Lattea, fotografato con un comune obiettivo da 50 mm f1.8 da un cielo incontaminato dalle luci artificiali. Wyoming, USA, 18 agosto 2017.

Revisione testo: Dana Biasco.

Prefazione

In ogni libro l'autore lascia un pezzo di sé. Le serate passate a pensarlo, le giornate regalate alla scrittura e quelle notti dal sapore romantico, quando tutto il mondo si ferma, in cui le parole fluiscono una dietro l'altra, catapultandolo in un mondo straordinario in cui tempo e spazio scorrono a loro piacimento.

Scrivere mi piace, non c'è dubbio. Non so se a questa passione corrisponda una effettiva bravura, ma è qualcosa che mi fa sentire ancora più vivo perché, in un modo del tutto intimo, fermo su carta degli istanti di vita che non meritano di andare perduti nell'oblio del tempo e nella fallacia della memoria. Li fermo e li condivido, conscio che la realtà che mi costruisco durante la stesura di un libro sarà inevitabilmente molto diversa da quella che vivranno i miei lettori. Spesso mi innamoro dei miei libri, perché raccontano pezzi della mia vita; e a me, questa vita, piace molto. Forse è sbagliato, ma se durante la scrittura non dovesse scoccare quella irrazionale scintilla, quel libro non vedrebbe mai la luce. E in effetti sono diversi i volumi iniziati e poi abbandonati a loro stessi.

Di libri ne ho scritti tanti, qualcuno direbbe troppi, e non avrebbe torto. Pensando in termini prettamente economici, questo business è fallito sin dalla prima pagina scritta, non ricordo più quanto tempo fa. Ma se la mia passione fosse stata il denaro, avrei intrapreso altre strade.

Questo libro è diverso dagli altri, perché dentro è contenuto un intero capitolo della mia vita che si sta concludendo e che, presumibilmente, non tornerà più. Tempo di grandi cambiamenti. Enormi, spaventosi, ma eccitanti; perché sono i cambiamenti a rendere memorabili le nostre vite. Per lasciare andare senza rimorsi un capitolo importante della mia vita, sono solito scrivere un libro, affinché non si perda memoria delle imprese realizzate e delle nozioni apprese durante il percorso che ho compiuto.

Di cosa parla il libro? Del mio più lungo viaggio, quello attraverso l'Universo. Lo descrive con le parole, non molte, e soprattutto con oltre 100 fotografie a colori e in alta risoluzione, scattate tutte con i miei strumenti. Dai pianeti alle nebulose, dalle aurore alle incredibili eclissi di Sole, fino alle galassie, migliaia, sparse in ogni punto dell'Universo.

Le foto mostrate sono il risultato di anni di apprendimento. Oltre 400 ore di tempo di esposizione complessivo e almeno altre 800 passate a imparare la tecnica, creando disastri che il mio buon gusto ha imposto di nascondere alla vista dei lettori. Ho viaggiato in ogni angolo del Pianeta, sempre in modo avventuroso e in posti sperduti. Nell'outback australiano, a migliaia di chilometri dalla città più vicina. Nel circolo polare artico, per due anni consecutivi, inseguendo le aurore a oltre -20°C nella tundra artica. Nei deserti americani, rincorrendo la Via Lattea estiva fino nel cuore della Valle della Morte, a 51°C di giorno e 47°C di notte. Ho rischiato la vita più di una volta, sempre però nei luoghi che la nostra routine quotidiana reputa più sicuri perché vicini a casa e sempre per delle interazioni poco amichevoli con l'animale più pazzo del Pianeta: l'uomo.

In questo libro, quindi, c'è quasi tutta la mia vita degli ultimi 17 anni, raccontata attraverso i colori ipnotici dell'Universo. Il mio augurio è che qualcuno, osservando queste foto a me tanto care, possa innamorarsi delle meraviglie dell'Universo e raccogliere il testimone che con questo libro sto lasciando. È stata l'avventura più bella e dura della mia vita, almeno fino ad ora.

È arrivato il momento, per me, di concludere questa lunghissima nottata astronomica, come quelle del tardo autunno che durano 14 e più ore. E proprio come in quelle memorabili nottate, è tempo di dare un'ultima occhiata a questo cielo. Orione sta tramontando. È ora di tornare a casa. Dove sia questa casa, ancora, non si sa. Ma sono sicuro sarà bellissima.

Daniele Gasparri
Novembre 2017

Indice

Introduzione 1
   I colori dell'Universo 4
   La fotografia astronomica 6
   Legenda 7
I colori visibili all'occhio 9
   La Luna e il Sole 9
      Fotografare il Sole e la Luna 12
   Le aurore 13
      Fotografare le aurore 18
   Le eclissi 19
   Congiunzioni, meteore e comete 25
Più tenui ma ancora visibili 29
   Le stelle al telescopio 29
   I pianeti 31
      La fotografia planetaria 34
Se l'occhio fosse abbastanza sensibile 35
   La Via Lattea 39
      La fotografia a grande campo 48
Un'esplosione di colori nella Galassia 49
   Gli ammassi stellari 49
   Le nebulose 53
      Nebulose per tutti i gusti 59
      Le nebulose: l'inizio della nostra storia 65
      La fine delle stelle simili al Sole 69
      La fine violenta delle stelle più massicce del Sole 73
Oltre la Galassia 77
   Le grandiose opere d'arte della Natura 83
   Il colore delle galassie 89
   I misteriosi ingredienti delle galassie 93
   Le galassie amano(?) stare insieme 97
   Fotografare ammassi, nebulose e galassie 101
Appendice 103
   Una lunga serie di fallimenti 103
Bibliografia 107
Biografia 108

Introduzione

Si stima che dalla comparsa dell'Homo Sapiens fino a oggi, sulla Terra siano vissuti circa 110 miliardi di esseri umani. Nonostante la nostra storia sia recentissima, se paragonata alle ere geologiche e alla stessa età del Sistema Solare, siamo la specie che si è evoluta più rapidamente tra tutte quelle presenti in Natura.

La nostra storia è iniziata nelle steppe africane, un aspro luogo nel quale gli antichi antenati cercavano di sopravvivere strenuamente alle enormi insidie della Natura. In poche decine di migliaia di anni, dopo la comparsa di quell'essere chiamato Homo Sapiens, il genere umano è passato dal correre a piedi nudi inseguendo gli animali con rudimentali lance, a camminare sulla Luna. Noi tutti, ora, siamo la prima generazione della nostra storia nata in un mondo nel quale l'essere umano ha camminato sulla Luna. Lassù ci sono le nostre impronte, i nostri strumenti, i rudimentali computer che hanno portato delle astronavi con meno elettronica di una moderna lavatrice fuori dal nostro pianeta, su un altro corpo celeste. Lassù ci sono sogni, speranze e potenzialità di una specie straordinaria, unica qui sulla Terra.

Per migliaia e migliaia di anni, non importa quanto fosse dura la vita, quando il Sole tramontava l'uomo si trasformava. La sete di sopravvivenza scemava con il calare del Sole, lasciando spazio alla manifestazione più incredibile della nostra vincente sopravvivenza: la ragione.

Per migliaia e migliaia di anni, non importa cosa fosse accaduto di giorno, quando l'abbraccio del Sole allentava la presa, l'uomo si trovava di fronte a un oblò trasparente che scaraventava su tutti il peso e la sfida della conoscenza.

Migliaia di piccoli punti si accendevano, illuminando debolmente una notte che sarebbe stata del tutto pesta e ben più spaventosa. Mentre parte della Natura iniziava in quel momento la personale lotta per la sopravvivenza, gli uomini, o almeno parte di essi, cercavano di comprendere cosa significasse quello spettacolo sopra le loro teste, affascinati e intimoriti dalla manifestazione di tale grandezza.

L'uomo ha osservato le stelle per migliaia di anni e intorno a esse ha costruito il proprio personale mondo interiore: antropocentrico, distorto, illusorio, utopistico, piuttosto ingenuo, se guardato con gli occhi di questi loro lontani figli, eppure sempre di una profondità incredibile.

Dalla comparsa della civiltà moderna, abbiamo molte testimonianze scritte di come l'osservazione e l'interpretazione dei fenomeni celesti abbia influenzato ogni ambito dell'interiorità e della società umana. Cercare una risposta all'inspiegabile, per taluni, diventa una vera ossessione, una ricerca spasmodica di risposte, non importa se reali o meno, che attinge direttamente alle ancestrali caratteristiche che ci hanno permesso di sopravvivere in quelle remote steppe africane.

A distanza di migliaia di anni, noi apparteniamo a una generazione di esseri umani che ha compreso la grandiosità e le proprietà di quei deboli punti di luce nel cielo notturno e siamo la prima che si può spingere, direttamente dal balcone di casa, a esplorare l'Universo fino nei suoi meandri più nascosti e misteriosi. Perché quei flebili punti di luce che vediamo la notte sono solo la scintilla con la quale l'Universo ha inchiodato i nostri sguardi lassù, ogni notte, per migliaia di anni.

Il nostro percorso di consapevolezza del Cosmo è stato ancora più straordinario della fulminea evoluzione. Poco più di 400 anni fa nessun essere umano aveva osservato la volta celeste più a fondo del proprio occhio. Poi arrivò Galileo Galilei, che puntò in alto un neonato strumento chiamato telescopio e scoprì qualcosa di straordinario: la Luna aveva degli enormi buchi, le stelle erano molte più di quelle che poteva vedere l'occhio e quei corpi erranti, chiamati pianeti, erano davvero dei mondi simili al nostro, con aria e terra. Dal moto e dalle caratteristiche di questi pianeti, Galileo fornì le prime prove convincenti che questi dovevano ruotare attorno a un perno centrale, che non era costituito dalla Terra, come si credeva, ma dal Sole, un astro dalla potenza straordinaria, in grado di scaldare e tenere in vita non solo il nostro pianeta ma anche quelli osservati attraverso il suo modesto telescopio.

Con questo gesto semplice iniziò la scienza moderna e la nostra epocale rivoluzione scientifico-culturale. Un gesto comune, alzare gli occhi al cielo, accompagnato dalla curiosità di provare quello strumento che ingrandiva gli oggetti terrestri. Un'intuizione e la voglia di sperimentare; non servì altro, e tuttora non serve altro per innescare gli straordinari processi di conoscenza del mondo che ci circonda.

A partire dalla metà del '700, gli astronomi iniziarono a scoprire, oltre a stelle, pianeti e comete, anche altri corpi celesti peculiari: erano estesi, deboli, dalle forme più disparate, privi di dettagli e fissi nelle loro posizioni, come le stelle. Erano delle vere e proprie nuvole nel cielo, che potevano trovarsi in ogni parte: dalle affollate e impressionanti regioni della Via Lattea fino alle zone più povere di stelle. Vennero chiamate *nebulae*, nebulose, e nessuno a quel tempo aveva la minima idea di cosa fossero. L'Universo aveva lanciato un altro amo, un altro fenomeno sconosciuto, sorprendente, misterioso, quindi magnetico al punto che nessuno si sarebbe arreso prima di averlo compreso.

Nell'800, con l'arrivo di telescopi sempre più potenti e una tecnica miracolosa chiamata fotografia, queste nebulose divennero sempre più dettagliate. Alcune al loro interno avevano delle stelle, altre erano fatte solo di stelle e quelle più lontane dalla regione più densa della Via Lattea ne erano completamente prive. Tutte, però, mostravano all'occhio la stessa caratteristica: erano prive di colori. Vedremo meglio nel prossimo capitolo come l'occhio umano, formidabile strumento per sopravvivere nella Natura, abbia degli evidenti limiti quando la luce del giorno lascia spazio al buio notturno. Per quanto grandi e potenti siano i nostri telescopi, questi misteriosi oggetti estesi sono quasi sempre monocromatici; ma non c'è cosa più differente dalla realtà di questa affermazione.

Solo nel ventesimo secolo, con lo sviluppo di pellicole fotografiche a colori, l'essere umano poté ammirare per la prima volta gli spettacolari colori dell'Universo che, nel frattempo, si era esteso in dimensioni ben oltre la più fervida immaginazione. Negli anni '20 del '900, un certo Edwin Hubble e i suoi colleghi, infatti, riuscirono a ottenere fotografie tanto dettagliate e profonde della nebulosa di Andromeda da dimostrare al mondo la sua vera natura. Quella nebulosa era formata da miliardi di stelle e si trovava molto oltre i confini della nostra galassia, la Via Lattea.

Molte misteriose nebulose dalla forma spiraliforme, prive in apparenza di stelle e tutte lontane dalla zona più affollata della Via Lattea, si dimostrarono essere altre galassie: agglomerati di inaudita grandezza composti da centinaia di miliardi di stelle, da migliaia di nebulose – quelle vere – e altrettanti ammassi stellari. Nell'Universo non esisteva solo la Via Lattea ma migliaia, milioni, miliardi di altre galassie, separate le une dalle altre da una distanza tanto grande che solo con i telescopi più potenti si riuscivano a osservare alcune stelle e solo per le galassie più vicine. Fu un colpo clamoroso al nostro ego, al desiderio dell'uomo di essere al centro dell'Universo. Un colpo assestato tanto bene, che da quel momento nessun astronomo ha mai più pensato che l'essere umano, su questo minuscolo pianeta chiamato Terra, potesse essere al centro di qualcosa. Noi, minuscoli e fragili esseri, abbiamo il dono incredibile di poter ammirare con consapevolezza ciò che ci circonda, ma per l'Universo siamo del tutto insignificanti; noi, i nostri problemi, i nostri conflitti quotidiani, le nostre contraddizioni. Nulla di tutto quello per cui passiamo quasi un'intera vita a combattere risulta avere una minima importanza per l'immensa vastità dell'Universo. Pensiamoci bene prima di accapigliarci con il prossimo per motivi tanto stupidi.

Con l'arrivo del nuovo millennio, l'astronomia ha subito una spettacolare rivoluzione popolare. Se un tempo le meraviglie del Cosmo, le colorate nebulose, le impressionanti galassie, gli immensi spazi, erano appannaggio dei più potenti telescopi del mondo, l'era digitale che ha travolto l'umanità ha portato l'astronomia sull'uscio delle nostre case; quello che dobbiamo fare è aprire le porte e goderne.

Siamo la prima generazione della storia dell'uomo che ha la possibilità di viaggiare istantaneamente fino ai confini dell'Universo e osservare in modo tanto dettagliato oggetti che il 93% di quei 110 miliardi di esseri umani non ha potuto vedere, né immaginare. E per fare questo non occorre né una laurea, né un'astronave, ma un telescopio e una fotocamera dal costo ben inferiore a quello dell'automobile più economica.

Siamo una generazione molto fortunata, e non solo dal punto di vista della conoscenza dell'Universo. Eppure, sembra che di tutto questo non ci interessi molto. Forse perché non abbiamo dovuto combattere per i doni straordinari che ci siamo ritrovati in mano grazie alle generazioni precedenti ma, come accade anche in altri ambiti della vita e della società, certi regali sembra che non vogliamo accettarli, che non ci interessino affatto. Eppure per essi milioni di persone si sono battute, a volte fino alla morte, come un certo Giordano Bruno, o lo stesso Galileo Galilei, che ha dovuto subire un umiliante processo a causa delle proprie idee.

Quando si parla di astronomia, di osservazione e di fotografia del cielo, appare evidente l'incredibile scempio che noi e i nostri padri abbiamo fatto a gran parte dell'umanità. Per millenni la visione delle stelle ha accompagnato la storia dell'Uomo. Ha allietato le più dure giornate di caccia, ha stimolato la fantasia della nostra mente, ha rappresentato un punto d'unione e di conversazione. Per migliaia di anni le stelle hanno rappresentato la fonte primaria di racconti, miti, leggende, religioni, poesie. Sono state arte e speranza, timore e desiderio di conoscenza. Ogni volta, ogni giorno, al calare del Sole, c'è sempre stato un essere umano che guardando lassù si è chiesto cosa fosse tale spettacolo. Poeti, sognatori, scrittori, innamorati: alle stelle e grazie alle stelle il genere umano ha dato il meglio di sé. Nessuna guerra è stata combattuta per la conoscenza. Poi, però, a un certo punto è prevalsa quella latente paura della consapevolezza, il timore di non riuscire a dare risposte a qualcosa di molto più grande di sé stessi. Assuefatto da problemi sociali ed economici sempre più distanti dall'Universo, ma sempre più opprimenti per la propria vita, l'Uomo ha deciso che era il momento di spegnere le stelle, di rinunciare alla più grande fonte di ispirazione di tutti i tempi. Ha deciso di indirizzare migliaia di fasci di luce artificiale verso il cielo e cancellare per sempre, in pochi anni, quello che per 4.6 miliardi di anni tutti, sulla Terra, hanno potuto vedere senza interferenze. L'Uomo ha deciso, per tutto il Pianeta, che il fardello del cielo notturno era una cosa che non si poteva più sopportare, così l'ha cancellato per gran parte della superficie da lui occupata. Ora, alzando gli occhi al cielo di notte, si contano a malapena poche decine di stelle e spesso si riesce persino a leggere un giornale, tanto è abbondante la luce artificiale.

Eppure, esistono ancora dei luoghi sulla Terra dove le stelle sembrano più vicine. Dei posti ormai mitologici dove il cielo è l'unica fonte di luce e la Via Lattea diventa tanto brillante da proiettare delle ombre. Per 4.6 miliardi di anni, fino al tempo dei nostri nonni, questi posti erano la normalità per tutto il Pianeta.

Noi siamo la prima generazione di esseri viventi nella storia della Terra a non poter più godere di questo spettacolo. Solo a quei popoli che hanno avuto la sensibilità di capire che di luci artificiali ne bastano poche e ben orientate verso il suolo, spetta il privilegio di coniugare il progresso e la meraviglia del cielo stellato, che è ciò che ci ha reso una specie curiosa, creativa, sognatrice. Chissà cosa ne sarà di quei popoli che hanno rinunciato coscientemente a sognare. Per ora sappiamo solo che per osservare di nuovo quel dono che tanto in fretta abbiamo cancellato, bisogna spingersi nei luoghi più isolati che conosciamo e, spesso, lontano migliaia di chilometri dal nostro Paese. Qui, e in una manciata di altre nazioni, la luce rivolta verso l'alto ha cancellato il cielo naturale per sempre. Non esiste più luogo in Italia, per quanto isolato, dove non arrivi il disturbo delle luci artificiali indirizzate verso l'alto, capaci di distruggere l'oscurità nel raggio di centinaia di chilometri. Anche il cielo più scuro che potremo mai osservare, nel più sperduto luogo delle nostre Alpi o nell'entroterra della Sardegna, è diverso da ciò che madre Natura ha deciso di regalarci tanto, tanto tempo fa. Resta la speranza che un giorno le generazioni successive alla nostra capiranno che sognare è un diritto inalienabile dell'uomo e restituiranno ai nostri discendenti quel tesoro momentaneamente perduto. Il mio lavoro rappresenta un piccolo contributo a questa nobile causa.

I colori dell'Universo

L'Universo è pieno di colori e noi abbiamo il dovere morale di ammirarli fino a quando i nostri occhi non si stancheranno di tale bellezza.

I colori dell'Universo, tuttavia, si svelano solo a coloro i quali hanno la determinazione di scavare un po' più a fondo della fredda apparenza che ci regalano i nostri inquinati cieli cittadini. Sono tonalità che vanno conquistate, con il fisico e con la mente, con la curiosità e la pazienza che richiedono tutte quelle azioni destinate a far parte del nostro mondo interiore per sempre.

Quando alziamo gli occhi verso l'alto, sia in città che in un'isolata campagna, quello che immediatamente vediamo è un cielo costellato di stelle, quasi del tutto privo di colore. Quello che non sappiamo ancora è che la visione limitata che abbiamo non è nient'altro che un test che l'Universo inconsapevolmente fa su di noi, affinché possa selezionare solo quelle persone meritevoli di svelare i gioielli che nasconde. Solo chi avrà voglia di approfondire questa speciale conoscenza, verrà ripagato con la più sublime delle meraviglie.

Giorno dopo giorno, osservazione dopo osservazione, inizieremo a notare fenomeni inaspettati che socchiudono di fronte ai nostri sguardi curiosi un oblò dal quale poter ammirare i più meravigliosi colori. Meteore, eclissi di Sole e di Luna, i pianeti osservati con un piccolo telescopio, la stessa Luna, sono tutti indizi che i colori ci sono e possono essere straordinari. Questa prima immersione in un mondo tanto profondo e affascinante culmina con le aurore polari, degli straordinari fiumi di luce che nei momenti più intensi assumono le più variopinte colorazioni: dal giallo al blu, passando per il rosso e il verde. Esse si possono osservare solo alle alte o basse latitudini terrestri e rappresentano il culmine di un viaggio mentale e fisico che regala al nostro occhio l'inarrestabile voglia di vedere di più, sempre di più.

L'osservazione del cielo con un telescopio è un'attività meravigliosa che regala pace, tranquillità ed emozioni che nessun oggetto tecnologico può imitare. Quando avviciniamo l'occhio all'oculare veniamo catapultati, in un secondo, in un mondo distante più di quanto la nostra immaginazione possa concepire, più esteso di tutto ciò che vediamo ogni giorno su questo Pianeta e spesso fatto di materia che qui possiamo riprodurre solo in laboratorio. Ogni osservazione ci regala le emozioni della realtà e ci trasforma in esploratori privilegiati, che possono raccogliere con i propri occhi la luce che ha attraversato sterminati spazi, vecchia di milioni o miliardi di anni.

Sfortunatamente, ben presto ci si accorge che quell'insaziabile voglia di meraviglia, di colori che inondano la nostra retina, non viene alimentata come ci si sarebbe aspettati. Ogni oggetto, a esclusione di pianeti e stelle, viene visto in bianco e nero, a prescindere dal tipo di telescopio usato. La delusione ci assale e la domanda si fa pressante: dove sono finiti i colori del cielo? Ci sono, ma sono più nascosti di quanto si possa pensare. Il problema non è l'Universo, ma il nostro occhio, che ha dei grossi limiti quando si tratta di ammirare le deboli luminosità del cielo. I nostri occhi, infatti, non sono i migliori strumenti per indagare la realtà che ci circonda e, nell'osservazione dell'Universo, questo limite diventa imbarazzante e piuttosto frustrante. La buona notizia è che tutti gli oggetti celesti hanno colori straordinari. La brutta notizia è che nessun occhio umano può ammirarli direttamente. Ma non facciamo l'errore, dettato anche da un pizzico di frustrazione, di pensare che la realtà si decida a maggioranza: miliardi di strumenti che presentano le stesse caratteristiche, quindi anche gli stessi limiti, non producono un risultato più vicino alla realtà rispetto a una singola misura. L'unione spesso fa la forza, quando si devono affrontare le insidie della vita, ma è la più grande trappola nella quale potremmo cadere quando cerchiamo di conoscere la realtà che ci circonda.

Per 4.6 miliardi di anni i colori dell'Universo sono rimasti nascosti a tutti gli esseri viventi che hanno vissuto su questo straordinario pianeta. Non un solo essere, dai più semplici ai più complessi, ha mai potuto ammirare il vero aspetto di quella gigantesca cupola piena di stelle. Quando l'uomo ha iniziato a usare telescopi sempre più potenti, la visione non cambiava: galassie e nebulose si arricchivano di dettagli e contrasti, ma rimanevano sempre in bianco e nero.

La domanda si fece dapprima pressante, poi si trasformò in una sorta di rassegnazione: ci sono i colori? Se sì, si potranno mai osservare? Con lo spirito combattivo con cui si dovrebbero affrontare tutti i problemi della vita, gli astronomi continuarono a studiare stelle e nebulose sempre più a fondo, fino a inventare uno strumento che diede al problema dei colori un inaspettato impulso. Scomponendo la luce delle nebulose con un prisma, ci si accorse che queste non emettevano la stessa luminosità per ogni colore (o lunghezza d'onda), tipica di un oggetto bianco o grigio, anzi, il contrario: la luce di molte nebulose era concentrata in sottili righe nella parte rossa e azzurro/verde dello spettro elettromagnetico. Si dimostrò, quindi, che quegli oggetti dovevano avere dei colori intrinseci, per di più piuttosto accesi, e che il problema era solo il nostro occhio.

Tutti i più grandi astronomi del passato, da William Herschel a Edwin Hubble, trascorsero la loro vita consapevoli dei colori dell'Universo, senza mai poterli vedere. Solo con l'invenzione e il perfezionamento della fotografia a colori l'uomo riuscì a registrare per la prima volta, in modo oggettivo, tutte le variegate tonalità dei corpi celesti dell'Universo. Quella data non viene più ricordata da nessuno, eppure rappresenta per l'uomo una transizione epocale: da un Universo in bianco e nero a un'esplosione di colori che nemmeno i più preparati astronomi si sarebbero aspettati.

L'11 agosto del 1958 un ingegnere fotografico di nome William C. Miller, impiegato agli osservatori di Monte Palomar e Monte Wilson, ottenne la prima fotografia astronomica a colori reali della nostra storia, a culmine di un lavoro di ricerca e perfezionamento delle emulsioni fotografiche durato due anni. Il soggetto non poteva che essere uno: la galassia di Andromeda, colei che qualche decennio prima aveva regalato al mondo, attraverso Edwin Hubble, la spettacolare dimostrazione delle vastità dell'Universo.

Quelle prime foto a colori reali sconvolsero il mondo, sia dal punto di vista scientifico che estetico ed emozionale. Per la prima volta nella storia, degli esseri senzienti avevano finalmente aperto un immenso scrigno pieno di luccicanti gioielli. Gli astronomi avevano uno strumento formidabile per comprendere meglio le proprietà dell'Universo e tutti gli uomini avevano ricevuto un regalo senza precedenti: un occhio che finalmente poteva vedere la realtà, dopo miliardi di anni di monocromatica miopia.

E ora, noi tutti siamo la prima generazione nata e cresciuta in un Universo a colori, in un mondo in cui la nostra intelligenza ci ha regalato un nuovo e potentissimo senso che ci permette di osservare a colori, là dove eravamo del tutto ciechi. Questo basta a considerarci, ancora una volta, una generazione assolutamente privilegiata, che ha la possibilità di indagare la realtà che ci circonda con una profondità e un'oggettività fuori dal comune, che può meravigliarsi nell'osservare colori che nessun essere umano prima dei nostri padri ha mai potuto vedere: che gran fortuna! I grandi astronomi del passato, da Tolomeo a Edwin Hubble, avrebbero fatto carte false per quello che oggi noi consideriamo scontato.

Certo, i colori, a essere precisi, sono solo il modo in cui il nostro cervello interpreta la luce di diverse frequenze, o lunghezze d'onda, quindi frutto di una mera elaborazione decisa dalla nostra fisiologia. Nello studio dell'Universo, alla parola, soggettiva, "colore", si preferisce utilizzare la definizione di "lunghezza d'onda". Quello che il nostro cervello interpreta come una variazione di colore, corrisponde a una reale variazione della lunghezza d'onda predominante della luce che ci raggiunge, nello stretto intervallo di frequenze alle quali la nostra vista mostra sensibilità. Ci sarebbe quindi da dibattere sulla definizione di colore "reale", perché di mezzo c'è sempre l'interpretazione del nostro cervello.

Un ipotetico essere vivente sensibile alle radiazioni infrarosse potrebbe avere un apparato di interpretazione (un cervello) che associa a determinate frequenze ben altri colori e vedere lo stesso soggetto con una mappatura cromatica molto diversa dalla nostra. In questo caso, quindi, quali sarebbero i colori reali? Chi dei due avrebbe ragione? Entrambi e nessuno. Entrambi, perché tutti e due vedrebbero una piccola porzione della realtà, interpretata secondo gli stimoli del loro cervello. Nessuno, perché il colore dipende da chi lo guarda e poi lo interpreta. Di certo, però, entrambi avrebbero ragione nell'affermare che ci sono variazioni evidenti dell'intensità della luce che arriva in funzione della lunghezza d'onda. Entrambi, quindi, avrebbero ragione nell'affermare che quell'oggetto ha dei colori (delle lunghezze d'onda) predominanti.

Le macchine fotografiche registrano la luce di diverse lunghezze d'onda e la riproducono secondo la mappatura che ha deciso il nostro cervello: alla lunghezza d'onda di 400 nm (nanometri) corrisponde luce di colore blu; oltre i 600 nm noi la vediamo rossa e nel mezzo si presentano tutte le infinite sfumature che rendono meravigliosa la nostra vista. Di conseguenza, i colori ottenuti dalle macchine fotografiche sono quelli che vedrebbe l'occhio umano se fosse sufficientemente e ugualmente sensibile nell'intervallo da 400 a 700 nm. Non è una rappresentazione accurata al 100% ma di certo è molto più vicina alla realtà dell'immagine totalmente monocromatica offerta dalla nostra vista.

E allora, prepariamo i nostri occhi alle visioni più straordinarie che potremmo mai avere in tutta la nostra vita e stupiamoci dell'indescrivibile bellezza dell'Universo.

La fotografia astronomica

Attraverso la fotografia astronomica possiamo superare i limiti dell'occhio e ammirare i colori reali dell'Universo, spingendoci fino nei suoi meandri più nascosti, alla scoperta di un mondo di gran lunga più variegato di tutta la creatività espressa dall'arte umana.

Su internet sono migliaia le meravigliose fotografie che si possono ammirare, scattate dai più grandi telescopi del mondo, ma non tutti sanno che la rivoluzione digitale permette di catturare, a ognuno di noi, la bellezza che per secoli si è celata ai nostri sguardi. Le moderne fotocamere digitali e gli strumenti astronomici sempre più precisi, potenti ed economicamente abbordabili, hanno reso accessibile a tutti ciò che nel 1958 era visto come un traguardo epocale, e lo era davvero.

Ora catturare i colori del Cosmo è considerata un'attività normale, ma non c'è niente di normale nello spingerci a milioni di anni luce di distanza e osservare l'intero Universo nel nostro giardino di casa. Non c'è niente di normale nell'osservare fotoni (le particelle di luce) che hanno viaggiato all'incredibile velocità di quasi 300 mila chilometri al secondo, AL SECONDO!, per gli sterminati spazi tra stelle e galassie. Non c'è niente di normale nel poter esplorare, più veloci di qualsiasi astronave che potremmo mai costruire, gran parte dell'Universo e viaggiare contemporaneamente indietro nel passato di migliaia, milioni e miliardi di anni. Non c'è niente di normale, infine, nel disporre di una super vista che ci consente di abbattere come un castello di carte la limitata sensibilità dei nostri occhi e catturare la luce di stelle milioni di volte più deboli di quelle che vedremmo. Quelle minuscole particelle di luce trasportano l'informazione dei fenomeni e dei luoghi che le hanno generate e una piccolissima frazione di queste viene intercettata dalle nostre macchine fotografiche, delle speciali raccoglitrici di pietre preziose che tra le loro trame non lasciano scappare nemmeno uno di quei rarissimi e antichissimi fotoni. Più rari dell'oro, anche se considerati meno preziosi, questi fotoni ci permettono di godere dello spettacolo più straordinario mai concepito; qui, ora, sul nostro divano, durante le nostre brevi ma intense vite.

La fotografia astronomica è accessibile a tutti, ma non è per tutti. Si tratta ancora di un'attività estremamente complessa, che richiede delle qualità che il denaro non può comprare: passione, pazienza, perseveranza, disciplina, curiosità, capacità di risolvere problemi, voglia di spingere sempre più in là i propri limiti e soprattutto tempo, tanto tempo.

Imparare a fare belle fotografie del cielo richiede anni di pratica, di errori, di tentativi e la voglia di raggiungere a ogni costo il risultato sperato, senza arrendersi mai. Quanto siamo distanti dalla nuova filosofia di vita dell'uomo digitale, abituato al tutto, facile e subito, ma per questo sempre più preda di una solitaria superficialità che svuota sempre di più le proprie vite. Perché per quanto la tecnologia possa aiutarci, per quanto si possa volere tutto e subito, senza faticare, è la stessa natura dell'uomo, quella ancestrale ben più vecchia della società iper frenetica che si è inventato, a dirci una cosa semplicissima: le cose belle devono essere conquistate con sudore e fatica. Sono gli obiettivi, assurdi, ambiziosi, quasi impossibili, che rendono giustizia al tempo che ci è concesso su questa Terra.

Questo libro raccoglie le migliori fotografie astronomiche scattate da me durante i miei ultimi 25 anni di astronomia. Sì, un percorso che dura da 25 anni e che, spero, possa durare molto di più. Un sogno nato da bambino che ha reso memorabile ogni istante della mia vita, anche quelli più frustranti, tutti ben stampati nella mia mente. Un obiettivo che mi ha portato a viaggiare in tutti i continenti abitati del Pianeta, che mi ha fatto conoscere persone meravigliose, che mi ha fatto visitare posti indescrivibili. Un viaggio interiore profondo tanto quanto le porzioni di Universo che con la mia speciale fotocamera digitale ho esplorato, cercando di raccogliere quei preziosissimi e rarissimi fotoni anche per cinque e più ore consecutive. E in quelle ore, mentre il mio corpo se ne stava fermo a prendere freddo e a osservare il telescopio muoversi, la mia mente viaggiava più veloce di quei fotoni, fino ai confini dell'Universo.

Legenda

La struttura di questo libro è semplice e si concentra principalmente sulle immagini. Ogni categoria di oggetti viene corredata da una spiegazione fisica sulle proprietà e sui colori osservati. Ogni immagine viene invece corredata dai dati essenziali. Per chi non è già appassionato di fotografia astronomica, la comprensione delle didascalie potrebbe risultare difficoltosa, quindi ecco delle linee guida per poter ottenere il massimo delle informazioni.

Ogni didascalia inizia con un asterisco di diverso colore. Questi aiutano il lettore a capire, a grandi linee, qual è la differenza tra la fotografia e l'osservazione visuale, condotta attraverso strumenti di simile potenza. Di conseguenza si ha:
- * Il corpo celeste principale si vede meglio attraverso l'osservazione visuale rispetto alla foto, sia per quanto riguarda i colori che per i dettagli. Questo accade generalmente quando si osservano fenomeni molto contrastati e rapidamente variabili nel tempo, in cui la grande dinamica dell'occhio è molto superiore a quella delle camere digitali;
- * I colori e i dettagli sono confrontabili con quelli della foto;
- * I colori e i dettagli all'osservazione visuale appaiono più evanescenti ma sono ancora percepibili;
- * I colori sono del tutto (o quasi) invisibili e i dettagli sono molto più deboli di quelli visibili in fotografia;
- * Il corpo celeste è molto difficile da osservare attraverso lo stesso strumento che ha scattato la foto.

Queste indicazioni sono naturalmente soggettive e non rigorose, quindi rappresentano solo delle indicazioni di massima. Sono infatti molte le variabili che determinano quanto e come sono visibili colori e dettagli: la qualità del telescopio, la qualità del cielo, la presenza o meno della Luna, la quantità di umidità nell'aria, l'altezza sull'orizzonte, l'esperienza dell'osservatore e la bontà del proprio apparato visivo.

Le didascalie proseguono con una descrizione sommaria del soggetto, ovvero: nome, proprietà, a volte distanza. Seguono i dettagli tecnici, in particolare:
- Obiettivo fotografico o telescopio. Per gli obiettivi fotografici viene riportata la focale e il rapporto focale. Per i telescopi viene riportato dapprima lo schema ottico, in particolare Newton, rifrattore o Schmidt-Cassegrain, poi due numeri che identificano il diametro e la lunghezza focale, espressa in millimetri. In questo modo la sigla "Newton 250-1200" identifica un telescopio con schema Newtoniano (a specchi) dal diametro di 250 mm e con una focale nativa di 1200 mm. Se si vuole conoscere il rapporto focale risultante, ovvero il "diaframma", basta dividere la lunghezza focale per il diametro. Nell'esempio considerato si tratta di uno strumento f4.8;
- Montatura. A parte qualche foto a grande campo, è necessario che il telescopio sia sorretto da un opportuno supporto, detto montatura, che non si limiti però solo a non farlo vibrare. La grande difficoltà della fotografia astronomica è dovuta al fatto che la Terra ruota e piuttosto velocemente se si osserva ad alti ingrandimenti. La funzione della montatura, quindi, è quella di seguire con la massima precisione possibile il movimento apparente del soggetto, causato dalla rotazione della Terra. Nella pratica, per la fotografia astronomica è assolutamente necessaria una montatura di tipo equatoriale, opportunamente stazionata verso il polo nord celeste, che disponga di un sistema di inseguimento e di uno per il controllo dell'inseguimento. Non esiste infatti meccanica che sia in grado di garantire un corretto inseguimento delle stelle con la precisione richiesta dalla fotografia astronomica, dell'ordine del micron. Per questo motivo la montatura equatoriale deve essere affiancata da un sistema di autoguida, costituito da una seconda camera digitale, che tramite l'interfaccia a un computer corregge automaticamente gli inevitabili errori di inseguimento durante l'acquisizione delle immagini, prima che questi generino un mosso nella fotografia che si sta scattando. Maggiore è la mole dello strumento, più robusta e precisa deve essere la montatura. Molte delle foto delle nebulose e tutte quelle delle galassie sono state ottenute con una montatura EQ6, pesante e massiccia, spesso più costosa del telescopio che doveva sorreggere;
- Fotocamera. Per la fotografia astronomica si possono utilizzare sia le normali fotocamere digitali (reflex o mirrorless, a patto che abbiano gli obiettivi intercambiabili) che, soprattutto, delle

camere appositamente progettate per applicazioni astronomiche. Sono dette in gergo camere CCD (anche se utilizzano ormai anche sensori di tipo CMOS e non solo CCD) e rappresentano un salto qualitativo enorme rispetto alle reflex. Non è un caso se quasi tutte le foto fatte attraverso il telescopio siano state eseguite con queste fotocamere. Le camere CCD possono essere sia a colori che monocromatiche. In realtà tutti i sensori digitali nascono monocromatici, ovvero si limitano a catturare la luce in un intervallo di frequenze simile a quello a cui è sensibile il nostro occhio (spingendosi anche nel vicino infrarosso). Per applicazioni estetiche, i produttori sovrappongono al sensore una griglia di filtri sensibili solo a certe lunghezze d'onda. La metà dei pixel ha di fronte dei filtri verdi, un quarto rossi e il restante quarto blu. L'immagine a colori si ottiene grazie al software della fotocamera che miscela le informazioni provenienti dai diversi pixel e ricostruisce l'immagine a colori, detta anche RGB (Red, Green, Blue). È uno schema simile a quello che opera il nostro apparato occhio-cervello. L'occhio ha ricettori sensibili solo a certe lunghezze d'onda e il cervello miscela le informazioni per ricavare un'immagine a colori. Nei sensori privi di questi filtri, per ottenere le immagini a colori si devono fare tre esposizioni identiche anteponendo ogni volta un filtro colorato. Nella fase di elaborazione le tre immagini verranno poi miscelate per creare la versione a colori. Se non si è appassionati di fotografia astronomica, non si vede perché ci si dovrebbe complicare la vita con un sensore sprovvisto dei filtri colorati e metterli manualmente perdendo (in apparenza) molto tempo. La realtà è che i sensori a colori non sono molto performanti in fotografia astronomica, dove è richiesta elevata sensibilità e risoluzione. Mettendo una griglia di filtri sui pixel, infatti, si riduce sia la risoluzione che la sensibilità, anche del 30-50% rispetto a un identico sensore monocromato. Per ottenere quindi il massimo dei risultati, quanto a profondità e dettaglio, è sempre da preferire un sensore monocromatico ed effettuare manualmente le riprese RGB;

- Integrazione. I soggetti astronomici del cielo profondo (ammassi, nebulose, galassie) sono tutti milioni di volte più deboli di una lampadina, tranne i pianeti, Luna e Sole. Questo costringe a eseguire fotografie che hanno un tempo di esposizione totale di diverse ore, definito tempo di integrazione. Questo tempo di integrazione non si raggiunge con una singola foto: sarebbe impossibile ottenere qualsiasi risultato. Per le immagini a lunga posa presentate in questo libro, i singoli scatti sono di 12 minuti quando si è utilizzata la camera a colori ST-2000XCM e di 5 minuti per la camera monocromatica ST-10XME. In fase di elaborazione, un software allineerà e sommerà i singoli scatti per formare l'immagine grezza da elaborare, il cui tempo di integrazione sarà uguale alla somma del tempo di esposizione dei singoli scatti di cui è composta. A volte per raggiungere un tempo di integrazione superiore alle 5-6 ore è necessario fare esposizioni per due o più serate.

I colori visibili all'occhio

Il nostro viaggio tra i colori dell'Universo inizia da quegli spettacoli in cui anche l'occhio può rimanere facilmente estasiato, con o senza un telescopio. Molti di noi non riescono a vederli, alcuni non sanno che esistono, altri sono troppo impegnati per pensare che osservare il cielo possa essere il toccasana per molti problemi, ma i colori ci sono, eccome, e spesso sono molto più vicini di quanto possiamo immaginare.

La Luna e il Sole

Ce li abbiamo sempre sotto gli occhi e per questo tendiamo a darli per scontati, ma i primi oggetti colorati illuminano le nostre notti e scaldano le nostre giornate: il Sole e la Luna.

La luminosità del Sole è così elevata che NON si deve osservare direttamente, e men che meno con uno strumento astronomico, senza appositi filtri solari da porre di fronte agli obiettivi. La sua intensa luce potrebbe arrecare danni irreversibili alla vista già dopo una frazione di secondo.

Osservato con un opportuno filtro solare, il Sole mostra la sua reale colorazione e molti straordinari fenomeni caratterizzati da un'enorme potenza. La buona notizia è, quindi, che abbiamo a disposizione tanta luce per vedere a colori. La brutta è che il Sole, e la Luna, di colori ne hanno davvero pochi.

La nostra stella, un forno dal diametro di 1.4 milioni di km, oltre 100 volte quello della Terra, è il perno del Sistema Solare, il nostro vicinato fatto da pianeti, lune, asteroidi e lontani corpi ghiacciati. Il Sole contiene circa il 99.9% della massa di tutto il Sistema Solare e sono sicuro che questo dato sconvolgerà il lettore. Ma com'è possibile, la Terra non è una sfera immensa che contiene buona parte della massa dell'Universo? Se affrontiamo l'osservazione del Cosmo con le convinzioni megalomani insegnate con tanto egoismo dalla nostra meravigliosa società, finiremo con il prendere tante di quelle mazzate che alla fine di questo libro ci servirà l'aiuto di un bravo psicologo. Dimentichiamo le scale dei valori, delle misure e dei tempi che abbiamo appreso da una realtà ormai tanto distorta da essere scollegata persino con il bosco sotto casa.

Io propongo una terapia d'urto. Eccola qui, tutta d'un fiato.

Il Sole è una stella che si trova a 150 milioni di chilometri di distanza, 3750 volte il giro della Terra per intenderci, fatta completamente di gas, in particolare per il 74% di idrogeno, rarissimo sulla Terra, per il 24% di elio, ancora più raro, e di un misero 2% di elementi più pesanti, che sono quasi tutti quelli che formano noi, la Terra e quello che ci circonda. Il Sole è appena 500 mila volte più massiccio del nostro immenso pianeta e il suo strato superficiale ribolle a 5500°C, pur essendo circa 3 volte meno denso dell'aria che respiriamo. Nel nucleo del Sole la temperatura supera i 15 milioni di gradi e innesca un fenomeno chiamato fusione nucleare, in pratica per noi alchimia. L'energia emessa ogni secondo è poco superiore a quella di una torcia, qualcosa come 380 milioni di miliardi di miliardi di watt. Bè, forse un paio di lampadine, dai. A questo punto, un essere consapevole del luogo dove vive dovrebbe porsi un quesito che più o meno suonerebbe così: "Essere umano... chi?" Esatto: l'essere umano pensa di essere al centro di tutto e gode spesso di un senso di onnipotenza che ha, in verità, lo stesso valore delle sensazioni che proverebbe un batterio in movimento sull'immensa punta del nostro naso.

La Luna, invece, è in effetti più modesta di noi, tanto che ha scelto il nostro pianeta come perno attorno al quale orbitare. È un altro mondo, vicinissimo, appena 385 mila chilometri, eppure molto diverso: senz'aria, senz'acqua, bollente di giorno (+120°C) e ghiacciato di notte (-150°C), pieno di enormi buchi chiamati crateri, prodotti da immensi impatti con grossi asteroidi miliardi di anni fa. La Luna, con la sua superficie completamente arida, è l'unico corpo celeste esterno alla Terra su cui l'uomo ha messo piede, compiendo un'impresa talmente straordinaria che ha deciso di non ripetere più. Sia mai che i valori di consapevolezza, di cooperazione, di conoscenza ed esplorazione possano distrarre l'umanità dal farsi la guerra per dei miseri fazzoletti di terra.

* A sinistra: una grande macchia solare circondata dalla granulazione, sacche di gas dal diametro di circa 1000 km che risalgono dalle profondità del Sole. Schmidt-Cassegrain 350-4000. 7 giugno 2013. * A destra: cromosfera e protuberanze solari fotografate attraverso uno speciale telescopio in luce H-alpha. Sono riportate per confronto le dimensioni della Terra. Telescopio Lunt 60 mm. 3 aprile 2015.

* La Luna quasi al primo quarto e i colori che percepisce l'occhio, dominati dalla tonalità della luce solare riflessa. Newton 130-650, montatura EQ5, Sony A7s. Media di 100 immagini. 27 settembre 2017.

* Mineral Moon. I terreni lunari mostrano lievissime differenze cromatiche, enfatizzate in questa foto per renderle facilmente riconoscibili. Solo con grossi telescopi l'occhio può percepire, molto più deboli, queste diverse sfumature cromatiche. Schmidt-Cassegrain 235-2350, montatura EQ5, Sony A7s. Media di 89 scatti. 8 ottobre 2017.

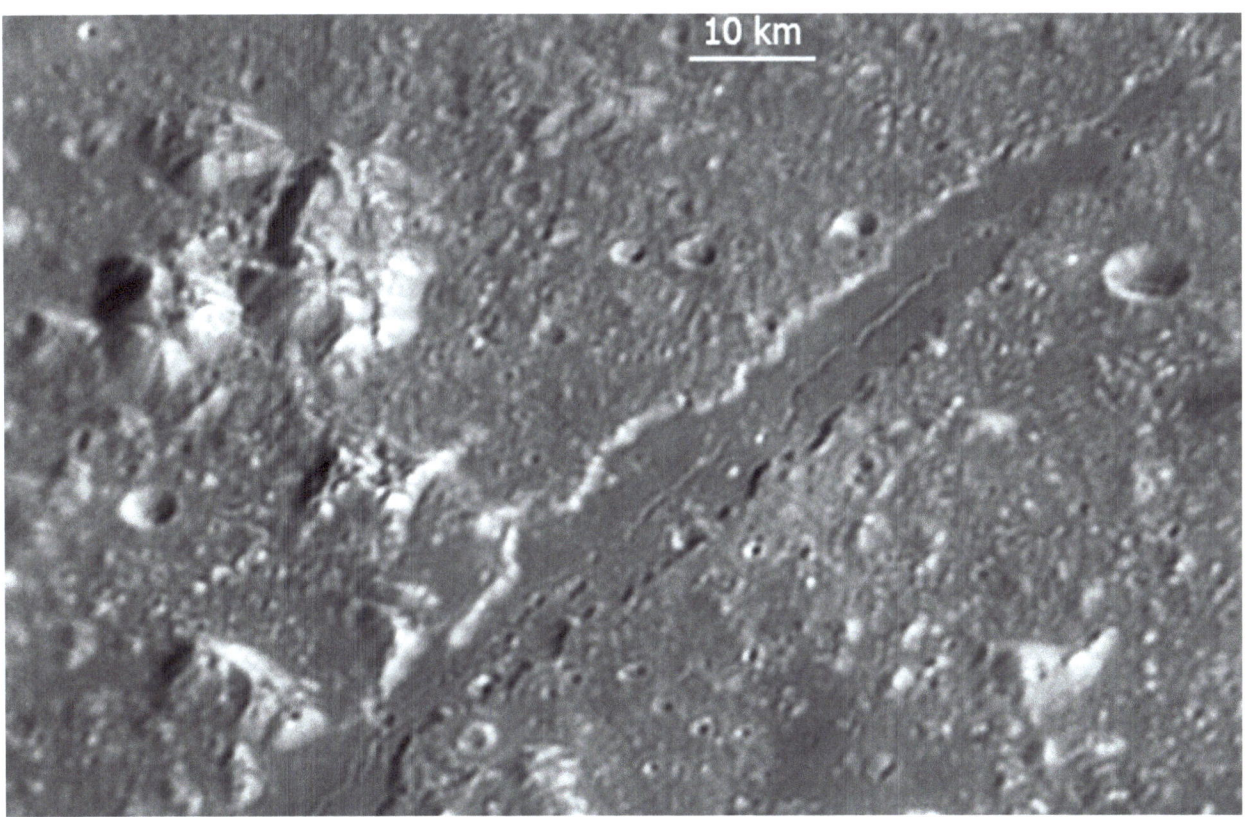

* Alta risoluzione lunare. Questa foto mostra dettagli di poche centinaia di metri. Schmidt-Cassegrain 350-4000, montatura EQ6, camera planetaria mono Basler ACA640. Media di 1000 immagini. 4 marzo 2012.

Fotografare il Sole e la Luna

La fotografia del Sole e della Luna è una delle attività più semplici e ricche di soddisfazioni per chi è agli inizi. Dato il loro grande diametro e l'abbondante luce, si possono ottenere belle fotografie quasi con ogni mezzo, da piccoli teleobiettivi ai tascabili smartphone.

La fotografia del Sole richiede molta attenzione, perché è necessario dotare il proprio dispositivo di un opportuno filtro solare, altrimenti avrà una vita piuttosto breve. Ottimi filtri solari sono fatti in un materiale detto Astrosolar, ideale sia per l'osservazione che per ogni tipo di fotografia. Venduto in fogli in formato A4, è una pellicola sottilissima che può essere tagliata e adattata per costruire qualunque filtro solare. Bisogna ricordarsi, sempre, due cose: 1) Il filtro solare va posto prima delle lenti di un obiettivo e 2) La pellicola è delicata, quindi è da trattare con estrema cura.

Con il filtro solare costruito, la fotografia del Sole e della Luna prevede nella pratica la stessa tecnica e la medesima strumentazione, in base al tipo di risultati che si vogliono ottenere.

Le fotografie a grande campo richiedono una normale fotocamera digitale, anche compatta, magari dotata di zoom ottico (quello digitale non serve a nulla!), o una reflex con un obiettivo a partire dai 50 mm. Maggiore è la focale dell'obiettivo, più elevato sarà l'ingrandimento, quindi migliori saranno i dettagli visibili. Con obiettivi a partire da 100 mm si inizieranno a vedere le macchie solari più grandi e i principali crateri lunari. Queste basse focali permettono anche di creare composizioni artistiche con i panorami terrestri. La corretta esposizione del disco solare e lunare si ottiene facendo effettuare all'esposimetro della fotocamera una lettura "spot", ovvero in una stretta regione sovrapposta al piccolo disco di Luna e Sole. Con una lettura mediata su tutto il campo si avrà un'immagine sempre sovraesposta. Per effettuare corrette esposizioni della Luna basta ricordarsi che essa riceve dal Sole la stessa quantità di luce che raggiunge la Terra, quindi anche se noi la fotografiamo di notte, stiamo osservando una normale sena diurna, con conseguente regolazione dei tempi di esposizione.

Il passo successivo consiste nel fotografare il Sole e, a maggior ragione, la Luna, più in dettaglio, avvicinando la fotocamera, anche quella di uno smartphone, all'oculare del telescopio, al posto del nostro occhio. Se utilizziamo un oculare dal grande campo e con una focale di almeno 20 mm, la fotografia risulterà già spettacolare perché saranno visibili i grandi crateri da impatto sulla Luna e tutte le macchie solari, anche le più piccole, sul Sole.

Se si vogliono raggiungere risultati nettamente migliori, arriva il momento di mettere le cose a posto: lo smartphone serve per perdere tempo su internet, mentre per fare foto serve la macchina fotografica. Questo significa dotarsi di una fotocamera reflex o di una compatta a con obiettivi intercambiabili (mirrorless), togliere l'obiettivo e collegarla, attraverso appositi adattatori che si trovano facilmente in commercio, al portaoculari del telescopio, al posto dell'oculare. Senza obiettivo e senza oculare, stiamo di fatto utilizzando il telescopio come se fosse un super teleobiettivo e non ce ne pentiremo, perché le immagini restituite, qualsiasi sia la potenza del telescopio usato, saranno di gran lunga migliori rispetto alle esperienze passate.

La tecnica corretta, che vedremo un po' più in dettaglio nelle prossime pagine perché è un caposaldo della fotografia astronomica, prevede di effettuare non una singola foto ma tanti scatti uno uguale all'altro della stessa regione. Il singolo scatto deve essere correttamente esposto, ovvero non devono esserci zone saturate (completamente bianche) o troppo scure. Il telescopio deve essere sorretto da una montatura solida, che preveda un sistema di inseguimento delle stelle, in modo che il soggetto non esca dal campo dopo pochi secondi, rendendoci la vita molto, molto complicata.

Trovate le impostazioni migliori di scatto, si fanno almeno una decina, meglio se 20 o addirittura più, fotografie, rigorosamente in formato RAW e non jpg, poi si passa alla fase di elaborazione, di fronte al computer. I singoli scatti devono essere allineati e sommati gli uni sugli altri, per restituire una foto che avrà un segnale molto più forte e pulito dei singoli scatti di cui è composta. Ci sono diversi programmi adibiti allo scopo, che vanno un po' studiati. I più noti, e gratuiti, sono Registax e Autostakkert. La foto ottenuta, poi, può essere leggermente elaborata aumentandone il contrasto. Per scatti a risoluzione più elevata esistono in commercio delle telecamere ad alta definizione che riescono a registrare video non compressi alla velocità di 100, o persino 200, fotogrammi al secondo.

Le aurore

Confinate al grande nord e al grande sud, orientativamente oltre i 50° di latitudine, le aurore sono di gran lunga i fenomeni celesti più colorati che i nostri occhi potranno ammirare senza l'ausilio delle fotocamere digitali. Anzi, in un certo senso, dato il grande campo di vista dell'occhio e la capacità di gestire perfettamente grandi sbalzi di luminosità, le aurore sono uno dei due fenomeni celesti che si ammira meglio a occhio nudo rispetto alla fotografia. Per capire qual è il secondo bisogna avere un po' di pazienza.

Descrivere le aurore, soprattutto a livello astrofisico, è facile; meno facile, anzi, impossibile, è riuscire a trasmettere tutta quell'incontenibile massa di emozioni che si provano quando si osservano nella loro meravigliosa potenza.

Le aurore sono la colorata manifestazione di una strenua battaglia tra l'immane potenza del Sole e la piccola, ma tenace, resistenza del nostro Pianeta. La nostra stella, oltre a inondarci di luce, ci invia anche una flotta di piccole particelle subatomiche, a noi invisibili, ma letali per ogni forma di vita. Sono generalmente elettroni e nuclei di elio che viaggiano a una velocità prossima a quella della luce e bombardano ogni pianeta del Sistema Solare.

Giunti in prossimità della Terra, questi pericolosi messaggeri incontrano la resistenza offerta dal campo magnetico e, come se fossero una sottilissima polvere di ferro, vengono deviati dalla calamita cosmica rappresentata dal nostro Pianeta. Questo efficiente scudo spaziale ha reso possibile la comparsa e l'evoluzione della vita che, altrimenti, sarebbe stata impossibile, almeno nelle modalità che possiamo osservare oggi, ed è ciò che scatena le aurore polari.

Il campo magnetico terrestre, interagendo con quello solare, convoglia parte delle letali particelle in uno stretto corridoio centrato attorno al polo nord e polo sud magnetici. Queste riescono quindi a entrare nell'alta atmosfera terrestre, impattando in modo molto violento con atomi e molecole d'aria. Lo scontro è talmente energetico che gli atomi dell'atmosfera vengono ionizzati, ovvero privati di almeno un elettrone. Appena un miliardesimo di secondo dopo, però, i nuclei atomici si riprendono gli elettroni strappati e da quest'unione viene emessa luce di determinati colori. Le aurore che possiamo osservare, allora, sono la luce di miliardi di miliardi di atomi atmosferici che festeggiano il ritrovato equilibrio dopo essere stati disturbati dalle energetiche particelle solari.

Da questa battaglia deriva uno spettacolo senza precedenti che, nei momenti più intensi, può illuminare a giorno il cielo con fiumi di luce in rapido movimento, lasciando tutti a bocca aperta. Le aurore sono imprevedibili: possono comparire all'improvviso, scatenarsi per pochi minuti con vortici, mulinelli e variazioni cromatiche che lasciano senza parole, oppure illuminare uniformemente il cielo, scorrendo come un lento fiume. Possono spostarsi a velocità di centinaia di migliaia di chilometri l'ora, oppure stazionare sulla stessa regione celeste per ore. Ogni aurora è diversa, ogni serata sotto quel cielo non sarà mai come la precedente, proprio come le nostre vite, dopo averle potute ammirare.

Maggiore è il flusso di particelle solari inviato verso la Terra, più intense sono le aurore e minore è la latitudine alle quali si possono osservare. A cavallo del circolo polare artico, le aurore sono visibili anche per 300 giorni l'anno, ma solo quando l'attività solare ha un picco diventano estremamente colorate e attive. Durante le più intense tempeste solari, scatenate da grandi gruppi di macchie solari, le aurore si possono spingere fino alle latitudini italiane, come accaduto nel 2001 e nel 2003, ma è meglio non aspettare che la dama verde ci venga a trovare. Vale la pena, almeno una volta nella vita, viaggiare nel grande nord, nel periodo in cui c'è la notte, per abbracciare lo spettacolo offerto dal nostro pianeta che, nonostante tutto quello a cui lo sottoponiamo, non si è ancora stancato di proteggere i suoi abitanti più chiassosi e di regalare a loro la consapevolezza del lavoro inestimabile che silenziosamente sta svolgendo.

* L'aurora boreale al tramonto, rischiara il paesaggio prima della comparsa delle stelle più deboli. Samyang 14mm f2.8, Canon 450D. Singolo scatto da 10 secondi a 400 ISO. Lapponia finlandese, 20 marzo 2015.

* L'aurora boreale si riflette sulla superficie di un lago ghiacciato. Samyang 14mm f2.8, Canon 450D. Singolo scatto da 15 secondi a 400 ISO. Lapponia finlandese, 20 marzo 2015.

* L'aurora boreale copre tutto il cielo. Da notare la piccola lingua dal colore blu, visibile anche a occhio nudo. Samyang 14mm f2.8, Canon 450D. Singolo scatto da 15 secondi a 400 ISO. Lapponia finlandese, 20 marzo 2015.

* Rara aurora viola, con sfumature blu, purtroppo invisibili all'occhio perché di bassa intensità. Samyang 14mm f2.8, Canon 450D. Singolo scatto da 30 secondi a 1600 ISO. Lapponia finlandese, 20 marzo 2015.

*Un tornado colorato illumina i cieli della Lapponia. Obiettivo Canon 18-55 usato a 18mm f3.5, Canon 450D. Singolo scatto da 15 secondi a 1600 ISO. Abisko, 2 marzo 2014.

✻ Violenta tempesta magnetica che ha scatenato aurore brillanti quanto la Luna piena. Samyang 14mm f2.8, chiuso a f4, Canon 450D. Singolo scatto da 10 secondi a 400 ISO. Lapponia finlandese, 20 marzo 2015.

Fotografare le aurore

Se non fosse per un viaggio aereo di migliaia di chilometri e al freddo pungente delle regioni polari, con temperature che di notte possono scendere senza difficoltà a -30°C, la fotografia delle aurore sarebbe un'attività piuttosto semplice, che non richiede né una tecnica, né strumentazione particolare: questo è un bene se dobbiamo caricare tutto nel bagaglio a mano!

Le aurore sono fenomeni di luminosità variabile che cambiano rapidamente nel tempo e si estendono su una grande area di cielo. Di conseguenza la strumentazione ideale è rappresentata da una fotocamera digitale di tipo reflex, anche economica, o dalle mirrorless; in pratica da tutte le fotocamere a cui si possono cambiare gli obiettivi. Meglio lasciare stare gli smartphone perché, anche se potrebbero riuscire a riprendere le aurore più brillanti, i risultati saranno sempre molto modesti.

La fotocamera deve essere equipaggiata con un obiettivo con il maggior campo possibile. Per le reflex con formato APS-C gli obiettivi ideali sono compresi tra i 10 e i 16 mm. Sono da preferire obiettivi manuali, sia perché sono più economici che per il fatto che di notte le regolazioni, come messa a fuoco e diaframma, vanno fatte sempre a mano. Gli automatismi degli obiettivi moderni potrebbero essere più un intralcio che altro, compresa la stabilizzazione dell'immagine, del tutto inutile. Lo stabilizzatore per eccellenza nella fotografia notturna è un accessorio tanto complesso che è sul mercato da centinaia di anni e può costare addirittura meno di 100 euro: si chiama treppiede.

Un ottimo compromesso è rappresentato dall'obiettivo Samyang 14mm f2.8, completamente manuale e adatto sia per i sensori APS-c che full frame. I più esperti utilizzano obiettivi ancora più a grande campo, a volte dei fish eye, capaci cioè di osservare quasi tutto il cielo. Facciamo però le cose con calma, se non siamo già fotografi esperti e limitiamoci a un obiettivo che potremo usare anche per le normali fotografie diurne.

Fotocamera, obiettivo a grande campo, treppiede e magari un telecomando per gestire meglio gli scatti senza perdersi la bellezza dell'aurora, sono tutto ciò che ci serve. A seconda della luminosità e della sua rapidità, il tempo di esposizione può variare da 5 a 30 secondi. Il consiglio è di usare l'obiettivo a tutta apertura, impostare sensibilità medio-alte, tra gli 800 e i 3200 ISO (per una fotocamera entry level meglio stare a 800 ISO, altrimenti il rumore ci ucciderà) ed esporre per il tempo minore necessario per avere una giusta esposizione della scena. Tempi lunghi impasteranno l'immagine perché l'aurora si muove, quindi sarebbe meglio, a parte i rari casi in cui è quasi stazionaria o poco brillante, non eccedere i 10-15 secondi. Non è necessario fare tanti scatti uguali da sommare poi in fase di elaborazione, per il semplice fatto che non saranno mai uguali, vista la dinamicità della scena. Ricordarsi, però, sempre di scattare in formato RAW, o nel doppio formato RAW+JPG. Le immagini, infatti, vanno un minimo elaborate, che non vuole dire ritoccate. La fotocamera cerca infatti di riprodurre ciò che osserva l'occhio, ma in queste circostanze, come abbiamo avuto già modo di vedere, l'occhio fornisce una dinamica ben maggiore e una riproduzione dei colori che può superare quella del sensore. La fase di elaborazione, quindi, si limiterà a regolare i contrasti, le luminosità e i colori, cercando di avvicinare la foto alla visione che abbiamo avuto mentre la scattavamo. Ricordiamoci sempre che fare fotografia astronomica non significa creare qualcosa che non esiste, altrimenti invece di prendere freddo all'interno del circolo polare artico avremmo potuto limitarci a comprare dei pastelli e un blocco da disegno, al calduccio della nostra casa.

Le eclissi

Pazienza. Quando si parla di astronomia, dobbiamo tenere sempre in mente una parola: pazienza. Siamo abituati, come individui, a piegare la realtà al nostro desiderio spasmodico di fare tutto in fretta. Come specie, addirittura, possiamo piegare la Natura per soddisfare la nostra bramosia di tempo, ma con l'Universo non funziona così. Alla nostra misera prepotenza, l'Universo risponde come coloro che debbono difendersi dal bulletto del quartiere: con assoluta indifferenza. Se si impara l'arte della pazienza, il mondo intorno a noi si arricchisce di dettagli e sfumature che non avremmo mai pensato di osservare e il cielo ci ripaga con i fenomeni astronomici più belli della nostra vita.

Raramente, una o due volte l'anno, ma non per tutti gli abitanti della Terra, la Luna forma un perfetto allineamento con il nostro pianeta e il Sole. I tre corpi celesti vengono a trovarsi quasi sulla stessa retta. Questa poco attraente curiosità geometrica è il preludio a degli spettacoli per i quali molti appassionati si imbarcano in avventurosi viaggi fino all'altro capo del mondo: le eclissi.

Quando la Luna piena si trova esattamente dietro la Terra, si verifica un'eclisse di Luna. Il nostro satellite, nel lento moto attraverso il cielo, entra gradualmente nel cono d'ombra proiettato dalla Terra. In un paio d'ore al massimo, la Luna viene letteralmente mangiata dall'ombra del nostro pianeta, fino al momento della totalità, quando appare di un cupo e affascinante color rosso. L'atmosfera terrestre, comportandosi come un prisma, devia la luce del Sole, in particolare quella rossa, fino al centro dell'ombra. Al posto dell'oscurità completa che dovrebbe sperimentare la Luna, si ha la suggestiva visione della Luna rossa.

Le eclissi lunari totali sono più frequenti di quelle solari e interessano di solito un emisfero del Pianeta, ovvero tutti coloro che hanno il satellite visibile sopra l'orizzonte. Sono belle da osservare perché la tonalità della Luna e la sua illuminazione dipendono dalle proprietà dell'atmosfera della Terra. Sebbene il fenomeno quindi si ripeta uguale ogni volta, i colori e le sfumature, perfettamente visibili a occhio nudo, o con qualsiasi piccolo telescopio, sono sempre differenti. La Luna rossa, così viene comunemente chiamata la fase totale di un'eclisse di Luna, è una di quelle rarissime occasioni nelle quali l'occhio riesce a percepire una tonalità estremamente rossa, in una regione dello spettro elettromagnetico dove la sua sensibilità è estremamente bassa.

Quando la Luna, in fase nuova, si allinea tra la Terra e il Sole si assiste all'evento più bello e sconvolgente delle nostre vite: un'eclisse totale di Sole. Il disco lunare, in lento movimento attorno al nostro pianeta, inizia a oscurare il Sole, generando un'eclisse parziale. Queste fasi non sono spettacolari, tanto che senza un opportuno filtro solare nessuno si accorgerebbe che all'appello manca uno spicchio di Sole. Le cose iniziano a cambiare quando la Luna copre oltre il 60% della nostra stella. Il nostro occhio inizia a percepire il calo di luce, come se nel cielo ci fossero delle velature. Da questo momento si vive un crescendo di emozioni direttamente proporzionali alla quantità di luce solare sottratta dalla Luna. Oltre l'80% di oscuramento, ci si accorge di avere la stessa luce di una cupa giornata nuvolosa, ma con il cielo sereno. Il pianeta Venere diventa ben visibile nel cielo, mentre ombre e contrasti si fanno sempre più ovattati. Oltre il 90% si inizia a percepire un certo calo di temperatura e ci si sente smarriti, perché sembra di essere immersi in un mondo alieno. Infine, pochi secondi prima della totalità, si assiste al definitivo sconvolgimento del proprio mondo. In una manciata di istanti il cielo diventa sempre più scuro, le stelle si accendono, l'orizzonte diventa rosato, come se ci fosse il tramonto e il Sole inizia a essere circondato da un tenue anello. Quando anche l'ultimo spicchio di luce solare scompare, si assiste al miracolo che lascia senza respiro: la notte piomba in mezzo al giorno, rendendo visibili pianeti e stelle, come mezz'ora dopo il tramonto del Sole. Il tempo intorno a noi si ferma e là, dove una volta compariva il disco accecante di una stella, si staglia un meraviglioso fiore cosmico, perfettamente visibile a occhio nudo e senza filtri: è la corona, l'atmosfera del Sole, che si estende per milioni di chilometri nello spazio e che solo durante questi interminabili attimi si mostra agli osservatori terrestri.

La fase totale di un'eclisse di Sole dura in media un paio di minuti, ma sono istanti interminabili, irriproducibili da qualsiasi fotografia, che sconvolgono in pieno la nostra vita, la nostra coscienza e la consapevolezza del mondo che ci circonda. Auguro a tutti di poterli vivere almeno una volta.

* Fase totale dell'eclisse di Luna dell'11 giugno 2011. La Luna totalmente eclissata assume una cupa tonalità rossa, ben visibile a occhio nudo. Da notare le stelle di fondo. Schmidt-Cassegrain 235-2300, montatura EQ6, Canon 450D.

* Fasi parziali di un'eclisse di Sole, da osservare e fotografare SEMPRE con un apposito filtro solare. Rifrattore acromatico 80-400, montatura EQ2, Canon 450D. Palmer River Roadhouse, Queensland, Australia, 14 novembre 2012. Notare la tonalità giallo pallido della nostra Stella, ben visibile anche a occhio nudo.

* Anello di diamanti. La luce del Sole filtra tra le vallate lunari, pochi secondi prima della totalità. Il giorno si sta trasformando in notte. Rifrattore acromatico 80-400, montatura EQ2, Canon 450D. Powder River, Wyoming, USA, 21 agosto 2017. Notare il sottile anello rosso, costituito dalla cromosfera, il primo strato atmosferico del Sole.

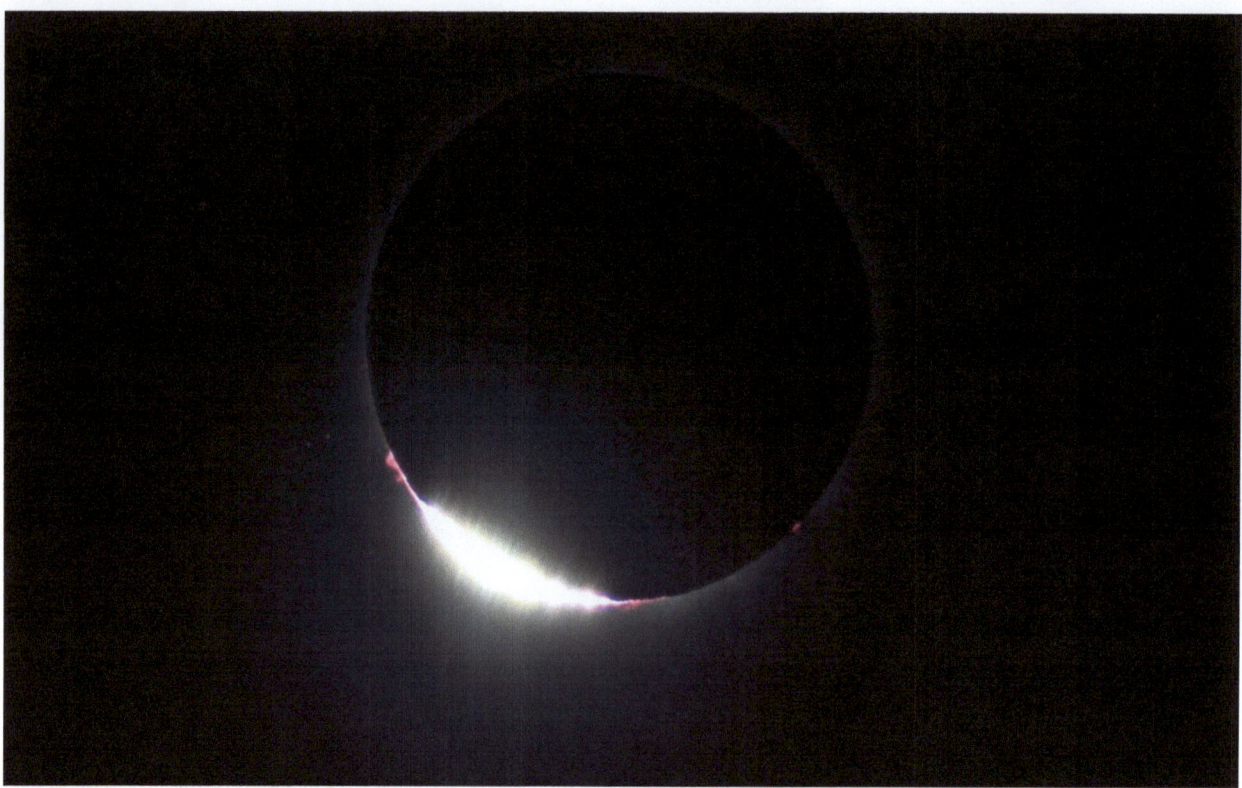

* Anello di diamanti, con cromosfera e le protuberanze, di spiccato color rosso: delle enormi lingue di plasma che si stagliano dalla fotosfera solare. Rifrattore acromatico 80-400, montatura EQ2, Canon 450D. Palmer River Roadhouse, Queensland, Australia. 14 novembre 2012.

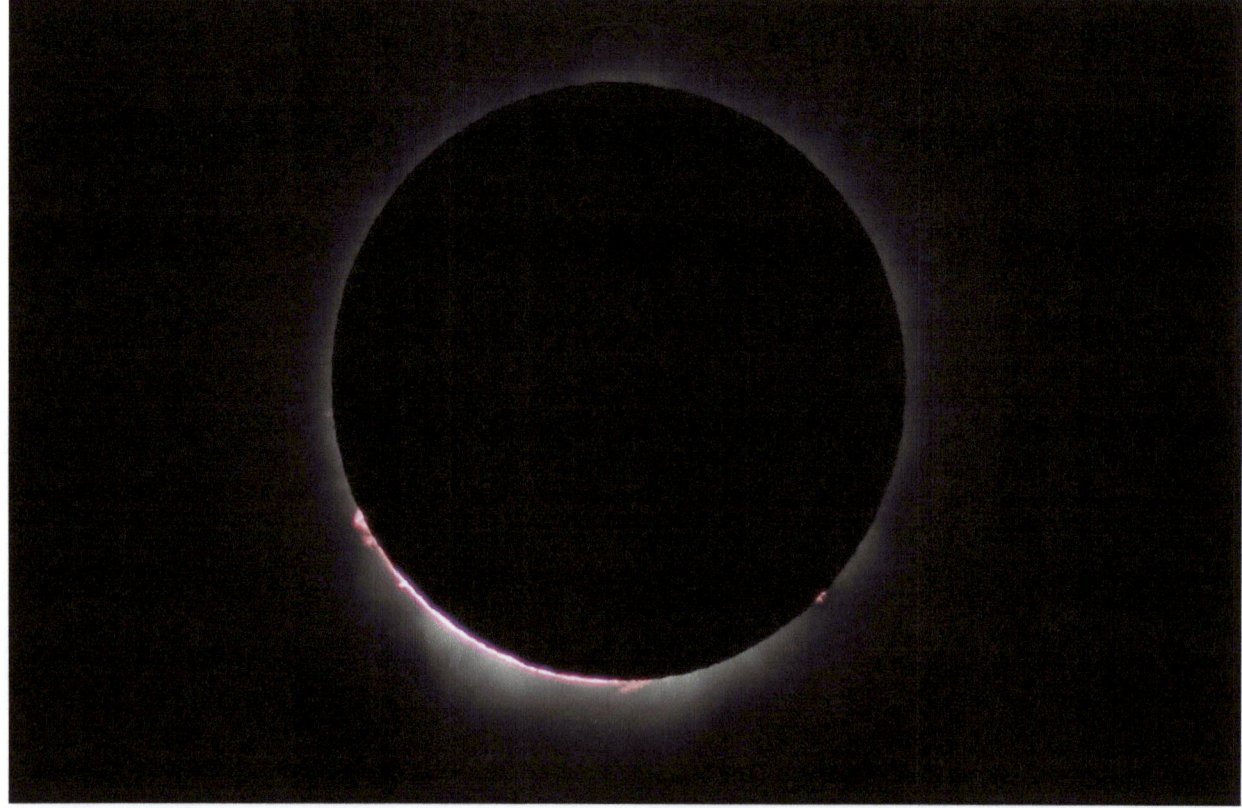

* La totalità è appena iniziata. Intorno è buio. Il Sole mostra la cromosfera, le protuberanze e la corona, qui poco visibile a causa della brevissima esposizione (1/1000 di secondo a 400 ISO). Rifrattore acromatico 80-400, montatura EQ2, Canon 450D. Palmer River Roadhouse, Queensland, Australia. 14 novembre 2012.

* La meravigliosa corona solare in questa immagine ad alta gamma dinamica (HDR) ottenuta combinando 32 scatti con diversa esposizione. Questa fotografia cerca di riprodurre la magnifica visione a occhio nudo, di gran lunga migliore di qualsiasi scatto. Rifrattore acromatico 80-400, montatura EQ2, Canon 450D. Powder River, Wyoming, USA, 21 agosto 2017. Notare la stella in basso (Regolo) e la visibilità del disco lunare, grazie al fenomeno della luce cinerea, al massimo dell'intensità durante un'eclisse totale di Sole.

Total solar eclipse
Australia, 2012/11/14
Achromatic refractor 80mm f5
Canon 450D camera
HDR image with 3 different exposures
www.danielegasparri.com

✳ La corona solare in un'immagine HDR dell'eclisse totale del 14 novembre 2012. Si confronti la diversa forma della corona solare con l'immagine precedente. Ogni eclisse totale offre un diverso spettacolo perché la forma della corona dipende criticamente dall'attività solare. Rifrattore acromatico 80-400, montatura EQ2, Canon 450D. Palmer River Roadhouse, Queensland, Australia. 14 novembre 2012.

Congiunzioni, meteore e comete

Per osservare le aurore bisogna spostarsi verso le regioni polari. Per le eclissi totali di Sole bisogna essere pronti a viaggiare ben lontano dall'Italia, a meno che non si intenda aspettare quella del 2081. Per il cielo scuro occorre isolarsi dalle città e a volte cambiare addirittura continente. Messa in questi termini, sembra che tutto congiuri contro di noi e ci impedisca di ammirare tutti quegli spettacoli che regalano splendidi colori ed emozioni. Ecco perché stiamo leggendo il libro di chi ha fatto tutto il lavoro faticoso al posto nostro!

Benché, messa in questi termini, la situazione possa andare contro il mio interesse, è mio dovere morale avvisare tutti i lettori che le cose non sono così tragiche. A volte gli spettacoli più belli capitano nei luoghi a noi più familiari, nei giorni più comuni. È la noiosa routine quotidiana, di posti ormai già visti ma non ancora esplorati, ad assopire la nostra voglia di meraviglie. Eppure basterebbe guardare il cielo, anche solo per 10 minuti al giorno, per stupirci di quello che ci circonda.

I fenomeni più comuni e spettacolari si verificano al tramonto o all'alba, quando i nostri occhi ancora non sono resi ciechi dalla mancanza di luce e il cielo è tinto dai colori del crepuscolo. È in questo attimo, tra l'uscita dall'ufficio e la cena, o mentre siamo in coda nel traffico, che la Luna e i pianeti si incontrano più volte l'anno. Separati da milioni di chilometri nello spazio, i nostri occhi non riescono a percepire tale profondità e osservano proiettata su uno schermo bidimensionale l'armonia del nostro Universo locale che si muove. La visione è spettacolare quando la Luna viene raggiunta da Venere, l'oggetto puntiforme più brillante del cielo. Conosciuto fin dall'antichità come pianeta, è triste pensare che ogni volta in cui fa le sue apparizioni e viene notato da chi non alza mai lo sguardo, è scambiato per un oggetto volante non identificato, un'astronave aliena che rende evidente l'atroce regresso nella conoscenza dei fenomeni astronomici della società contemporanea. Gli antichi Greci, i Romani, gli Egizi, i Babilonesi, esperti conoscitori del cielo, si farebbero grosse risate.

Quando arriva la notte lo spettacolo non termina, piuttosto seleziona solo i più meritevoli, coloro che continuano a guardare, anche solo per pochi minuti, ma con costanza. Sono queste le circostanze in cui, anche dalle inquinate città, possiamo sperare di assistere a delle coloratissime meteore, che possono diventare brillanti al punto da rischiarare a giorno l'ambiente. È un piccolo spicchio di Universo, colto nella sua parte più sorprendente e in un certo senso spaventosa, perché quelle stelle che cadono sono polveri, ciottoli, o veri e propri massi che vagano nel Sistema Solare e si bruciano, impattando a folli velocità, con gli strati più alti dell'atmosfera terrestre. In alcuni periodi dell'anno, come tra il 12 e il 13 agosto o tra il 16 e 17 novembre, la Terra entra in una zona densa di detriti lasciati dalle code di comete di passaggio e si generano spettacolari piogge di stelle cadenti. Pochi, però, sanno che in una notte scura, in ogni periodo dell'anno, si possono ammirare in media una ventina di meteore. Queste ci ricordano che la Terra è continuamente bombardata da tonnellate di materiale cosmico che ogni giorno precipita al suolo sotto forma di polvere. Le più grandi, dette bolidi o superbolidi, raggiungono le dimensioni di un'automobile e possono arrivare al suolo. Basterebbe poco, allora, all'umanità, per evitare la fine toccata ai dinosauri, tolti di mezzo da una "stella cadente" di 10 km di diametro. Basterebbe essere coscienti di quanti piccoli proiettili vengono bruciati dall'atmosfera ogni giorno, che rendendoli visibili sembra darci un avvertimento per il futuro: non è se arriverà il grosso proiettile che nemmeno l'aria potrà bruciare, ma il quando. La differenza tra sopravvivere o perire è nella consapevolezza che abbiamo di quello che accade sopra le nostre teste.

Molto più raramente, ogni qualche anno in media, il cielo si accende con gli astri più belli e imprevedibili: le comete. Provenienti dalle periferie del Sistema Solare, sono massi di qualche km di diametro fatti per buona parte di composti ghiacciati, tra cui acqua, ammoniaca, anidride carbonica. E cosa succede quando una palla di neve viene scaldata dal calore del Sole? Evapora, generando una chioma ampia centinaia di migliaia di km e una coda che si perde nello spazio, estesa per decine di milioni di km. Le comete brillanti sono rare, ma rappresentano degli eventi che una volta osservati non dimenticheremo mai più. Resta solo da sperare di aver la fortuna di assistere a ciò che i più maturi hanno potuto vedere per buona parte del 1997, quando la cometa Hale-Bopp, con la sua doppia coda estesa per diversi gradi, incantò generazioni di giovani appassionati. Tra queste c'era anche l'autore.

*Splendida congiunzione tra una sottile falce di Luna e Venere, nel cielo dell'alba. Quando la luce è abbondante e i contrasti forti, l'occhio regala una visione migliore di qualsiasi fotocamera digitale. Obiettivo Super Takumar 200mm f4, Sony A7s. Singoli scatto da 1 secondo a 1600 ISO.

* Lunga esposizione che mostra il tramonto di Venere (striscia più luminosa) e Mercurio (più debole) dietro ai colli Bolognesi. Obiettivo Samyang 14mm f2.8, Canon 450D. Integrazione: 40 minuti (somma di scatti da 10 secondi).

* Una meteora solca il cielo australe. Obiettivo Canon 18-55 mm utilizzato a 18mm f3.5, montatura EQ2, Canon 450D. Singola posa da 2 minuti. 13 novembre 2012.

* La cometa C/2011 L4 Pan-STARRS fotografata al tramonto nel marzo 2013. Le grandi comete luminose mostrano bene i colori anche ai nostri occhi. Rifrattore acromatico 80-400, montatura EQ2, Canon 450D. Integrazione: 25 minuti.

* La cometa Lovejoy, appena visibile a occhio nudo nel gennaio 2015. Molte comete mediamente brillanti al telescopio mostrano i colori della chioma e della coda, sebbene più attenuati rispetto alla fotografia. Rifrattore acromatico 80-400, montatura EQ2, Canon 450D. Integrazione: 88 minuti. 18 gennaio 2018.

Più tenui ma ancora visibili

Allontanandoci dalla nostra atmosfera e dagli oggetti più brillanti, ovvero Sole e Luna, la capacità dell'occhio di percepire i colori diminuisce, anche se non è ancora persa del tutto. Osservando il cielo notturno, infatti, possiamo ogni tanto incontrare delle stelle piuttosto brillanti e colorate. Ottimi esempi sono Antares, nella costellazione dello Scorpione, Arturo, in quella del Bovaro e Betelgeuse in Orione, tutte dalla marcata colorazione arancio. D'altra parte Rigel, sempre in Orione, o Vega, ben visibile d'estate sopra le nostre teste, hanno una tonalità bianca tendente all'azzurro. Questi pochi esempi ci dicono che, forse, aiutandoci con un telescopio, potremo ambire a vedere i colori del cielo con maggiore dettaglio, non solo per quanto riguarda le stelle ma anche per i pianeti. Mano a mano che aumenta il diametro del telescopio, infatti, stelle e pianeti rivelano la loro natura colorata, quasi come in fotografia. È un'occasione rara, che non dobbiamo farci sfuggire!

Le stelle al telescopio

Nel cielo notturno le stelle sembrano essere ovunque, anzi, sembrano essere gli unici abitanti dell'Universo. È una visione superficiale, da parte di chi l'Universo ancora non lo conosce o, peggio, non ha intenzione di conoscerlo. È vero, però, che le stelle sono gli oggetti più evidenti dei nostri cieli, se escludiamo la Luna e il Sole. Tranne qualche eccezione, a occhio nudo tutte ci appaiono bianche, ma nella realtà le stelle bianche sono una piccola frazione dell'Universo. Con un telescopio le cose migliorano molto, soprattutto se puntiamo le più luminose. Sebbene siano così lontane da non poter essere ingrandite con nessuno strumento, quindi ci appariranno sempre come dei punti, le stelle sono gli unici oggetti esterni al Sistema Solare che regalano tonalità meravigliose all'occhio.

Ogni stella ha infatti un colore e ogni colore, nell'Universo, ha un significato ben preciso. I colori delle stelle dipendono dalla temperatura del loro strato superficiale, proprio come accade a un pezzo di metallo riscaldato. Entrambi gli oggetti, per quanto differenti, obbediscono alle medesime leggi della fisica, in particolare alla legge di corpo nero, la quale afferma che ogni oggetto emette radiazione elettromagnetica la cui lunghezza d'onda di picco dipende unicamente dalla temperatura. In un linguaggio più semplice, riferendoci alle frequenze visibili all'occhio, si può affermare che ogni oggetto sufficientemente denso, riscaldato, non importa da quali processi, emette una luce il cui colore dipende dalla temperatura. Le stelle rosse sono fredde, circa 3500°C, quelle blu caldissime, oltre 35000°C. Osservando quindi i colori delle stelle nelle fotografie possiamo subito fare una stima abbastanza accurata della loro temperatura superficiale, senza aver bisogno di un poco pratico termometro da utilizzare in loco.

Le stelle, inoltre, ci comunicano anche qualcosa di molto importante in merito alle distanze dell'Universo. Ogni piccolo punto visibile nelle foto successive è una stella. Anche il Sole è una stella, eppure ci appare miliardi di volte più luminoso di tutte le altre. Se il vero aspetto di una stella è quello di un oggetto non solo estremamente caldo ma incredibilmente luminoso, quanto devono essere lontane tutte le altre da apparire tanto deboli a confronto? È una domanda che nasce spontaneamente quando si ha l'abitudine di soffermarsi a pensare a ciò che si osserva, invece di limitarsi a un superficiale sguardo. La risposta, possiamo immaginarlo tutti, è sconvolgente: le stelle devono essere milioni, persino miliardi di volte più lontane del Sole. Ecco dunque che dall'osservazione di questi punti colorati possiamo regalarci un primo, serio brivido di consapevolezza, perché abbiamo iniziato a farci un'idea delle immani distanze dell'Universo.

La stella più vicina non si può osservare dalle nostre latitudini. Si chiama Proxima Centauri e dista circa 40 mila miliardi di chilometri. Gran parte delle stelle che si vedono nelle fotografie a grande campo distano tra 80 mila e 10 milioni di miliardi di chilometri. È ben evidente come l'unità di misura del chilometro non sia particolarmente indicata per misurare le distanze astronomiche, per questo motivo è stato definito l'anno luce. Questo è la distanza che la luce percorre in un anno nel vuoto quasi perfetto dello spazio. Viaggiando a quasi 300 mila chilometri al secondo, ovvero un miliardo di chilometri l'ora, un raggio di luce in un anno copre la straordinaria distanza di 9 mila e 500 miliardi di chilometri. Sono velocità e distanze folli per la nostra limitata esperienza su questo pianeta, la cui circonferenza è di appena 40 mila chilometri, che verrebbero percorsi in poco più di un decimo di secondo dalla luce.

Comprendere il significato più ampio dell'anno luce equivale senza alcun dubbio a spalancare la porta su una delle più assurde e contro intuitive esperienze che possiamo fare osservando l'Universo. La velocità della luce, infatti, è la massima possibile nell'intero Universo. Non l'abbiamo decisa noi a tavolino, è stata la Natura. Noi, in quanto scienziati, ci limitiamo a osservare e a scoprire le regole che la Natura ha deciso per il suo funzionamento. Non sappiamo il perché, ma la velocità della luce non si può in alcun modo superare. Per questo motivo, qualsiasi informazione riceviamo dai corpi celesti che osserviamo, sia essa radiazione elettromagnetica, onde gravitazionali o particelle cariche, può viaggiare al massimo alla velocità della luce. Di conseguenza, noi possiamo osservare tutti i corpi celesti e gli eventi dell'Universo com'erano in un passato che corrisponde al tempo impiegato dalla luce a raggiungerci. Proxima Centauri, distante 4.3 anni luce, la stiamo osservando come era 4.3 anni fa e non c'è modo di capire com'è ora, nel nostro stesso istante. L'Universo, quindi, è una macchina del tempo che ci permette di vedere nel nostro presente il suo passato, tanto remoto quanto più ci allontaniamo dalla nostra casa. È il passato per loro, ma è presente per noi e di certo non è meno reale di quello che accade fuori dall'uscio della nostra porta.

* Cor Caroli, elegante stella doppia, con la primaria azzurra, visibile nella costellazione dei Cani da Caccia. Newton 250-1200, montatura EQ6, camera CCD a colori ST-2000XCM. Integrazione: 5 minuti. 19 aprile 2017.

* Albireo, la stella doppia più bella del cielo grazie alle differenze cromatiche delle due componenti. Newton 250-1200, montatura EQ6, camera CCD a colori ST-2000XCM. Integrazione: 3 minuti. 19 aprile 2017.

I pianeti

Con molta pratica all'oculare del telescopio, i colori dei pianeti diventano sempre più simili a quelli delle fotografie, ma non sono mai osservazioni facili, perché l'occhio fa fatica ad adattarsi.

Con la fotografia astronomica, le tonalità dei nostri vicini di casa diventano evidenti. Le migliori fotografie in alta risoluzione, scattate con i telescopi di modesto diametro (20-40 cm) disponibili in commercio, sono tanto dettagliate e colorate da sembrare riprese da una sonda robotica nei pressi del pianeta stesso. Rispetto ai tempi della fotografia analogica, questo è il campo dell'astronomia dilettante in cui c'è stato il maggior salto qualitativo, al punto che le migliori fotografie sono utilizzate anche da astronomi professionisti per studiare le superfici e le atmosfere dei pianeti. Solo il telescopio spaziale Hubble e una manciata di grossi strumenti professionali dotati di sofisticate ottiche adattive riescono a catturare dettagli ancora più fini, ma non è necessario utilizzare questi costosissimi telescopi per meravigliarsi della consistenza di questi mondi, fino a 400 anni fa conosciuti solo come punti erranti nel cielo. Galileo Galilei li osservò per primo con un modestissimo telescopio che per noi, oggi, non avrebbe la qualità neanche per essere messo in commercio. Persino le prime immagini delle pionieristiche sonde robotiche lanciate allo sbaraglio negli anni 50 e 60 impallidiscono quanto a qualità rispetto alle fotografie che possiamo scattare ora, qui, dal giardino di casa, a milioni di chilometri di distanza. Quanta meraviglia diamo per scontata in questi tempi!

Mercurio, Venere, Terra, Marte, Giove, Saturno, Urano e Nettuno; ecco gli 8 pianeti del Sistema Solare in ordine di distanza dal Sole che rappresenta il perno attorno al quale ruotano. I primi quattro sono piccoli e rocciosi, gli altri enormi e fatti quasi totalmente di gas. E Plutone dov'è finito? Declassato, a causa delle sue dimensioni e della sua orbita, a pianeta nano, insieme all' (ex)asteroide Cerere e a una decina di corpi celesti ghiacciati poco oltre l'orbita dell'ex pianeta.

Tutti i pianeti mostrano colori, come i terreni del nostro pianeta possiedono differenti tonalità. Dalle nubi venusiane alle vaste aree desertiche marziane, passando per gli straordinari anelli di Saturno e l'azzurro dei dischi di Urano e Nettuno, la prima sosta la merita Giove. Il pianeta più grande del Sistema Solare, 11 volte più della Terra, è un museo cosmico; uno di quei luoghi in cui ognuno di noi entra già annoiato a priori, per uscirne poi dopo ore, estasiato dalle sublimi sfumature della sua irrequieta atmosfera, che si mescolano continuamente a velocità più alte di qualsiasi uragano terrestre. Potremmo contemplare Giove per anni senza trovare un momento simile al precedente.

Se abbiamo bisogno di qualcosa di più familiare, possiamo fare un salto su Marte, ammirare le calotte polari bianchissime ritirarsi e formarsi nel corso delle stagioni. Possiamo immaginare di camminare per i dolci pendii del monte Olimpo, il vulcano più alto del Sistema Solare, con i suoi 20 e più chilometri di altezza e, infine, riposarci nelle sterminate lande deserte, con la sabbia rossa quanto quella del deserto australiano, e veder passare sottili nuvole alte, del tutto simili ai nostri cirri terrestri.

Certo, se vogliamo osservare nuvole vere, ma su un pianeta non tanto alieno come Giove, dobbiamo dirigerci su Venere. Immensi cumuli di acido solforico viaggiano a centinaia di km/h, a circa 60 km di altezza, oscurando perennemente la superficie, che ribolle a causa di un effetto serra incontrollato a oltre 450°C, di giorno, di notte, ai poli e all'equatore: un forno cosmico efficientissimo!

Per trovare un po' di refrigerio dobbiamo allontanarci dal Sole, magari dando uno sguardo fugace al piccolo Mercurio, un po' grigio e simile alla Luna. Giunti su Saturno, dopo esserci incantati al cospetto dei suoi anelli perfetti, fatti di migliaia di miliardi di piccoli ciottoli ghiacciati, possiamo fare un rigenerante bagno nei laghi di metano liquido di Titano, a -180°C, sperando che le previsioni meteo non mettano temporali (di metano), con annessi fulmini. Se lo preferiamo, possiamo fermarci ad ammirare i geyser d'acqua alti centina di chilometri di Encelado e domandarci se ci siano forme di vita nel gigantesco e caldo oceano sotto la spessa crosta ghiacciata. Parlando d'acqua, potremmo credere che Urano e Nettuno, ormai non tanto lontani (qualche miliardo di km, cosa vuoi che siano!), con la loro colorazione verde-azzurra, possano essere fatti d'acqua liquida, ma ci sbagliamo. A -230°C l'acqua è più solida della roccia e quell'affascinante distesa verde smeraldo è la parte superiore della loro interminabile atmosfera, nella quale ci sono grandi quantità di metano. Siamo stati appena vittime del nostro primo miraggio cosmico. Il primo di una lunga serie.

* Le nubi di Venere in tre immagini composte in falsi colori. Il rosso è in realtà vicino infrarosso, il verde il visibile e il blu è dato dal vicino ultravioletto. Notare come la struttura cambi da un giorno all'altro. Ogni immagine è media di qualche decina di migliaia di singoli scatti.

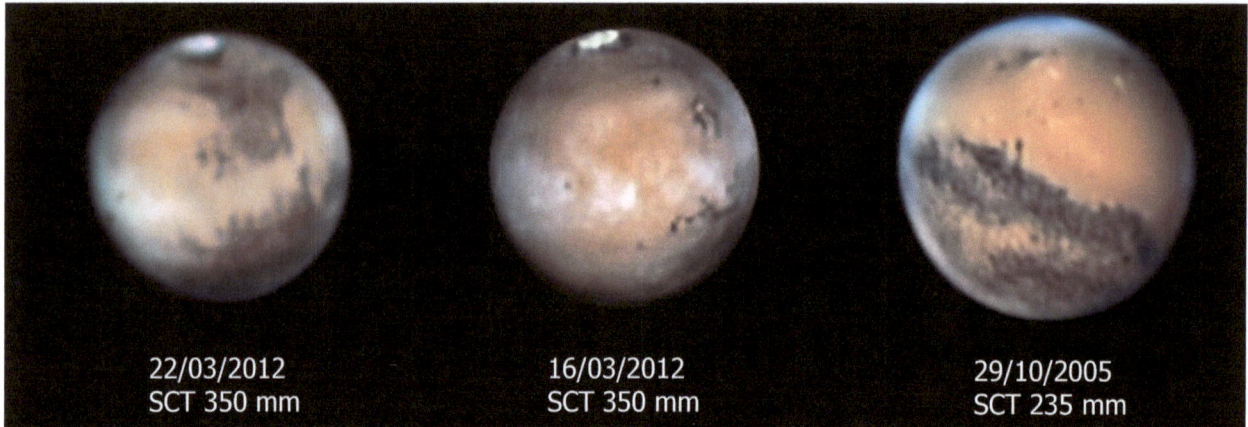

* L'incantevole aspetto di Marte, l'unico mondo del Sistema Solare che somiglia alla Terra. Si vedono le calotte polari, nubi e nebbie ai lembi del pianeta. Le aree più scure sono zone con diversa composizione. Ogni immagine è media di 2-3000 scatti.

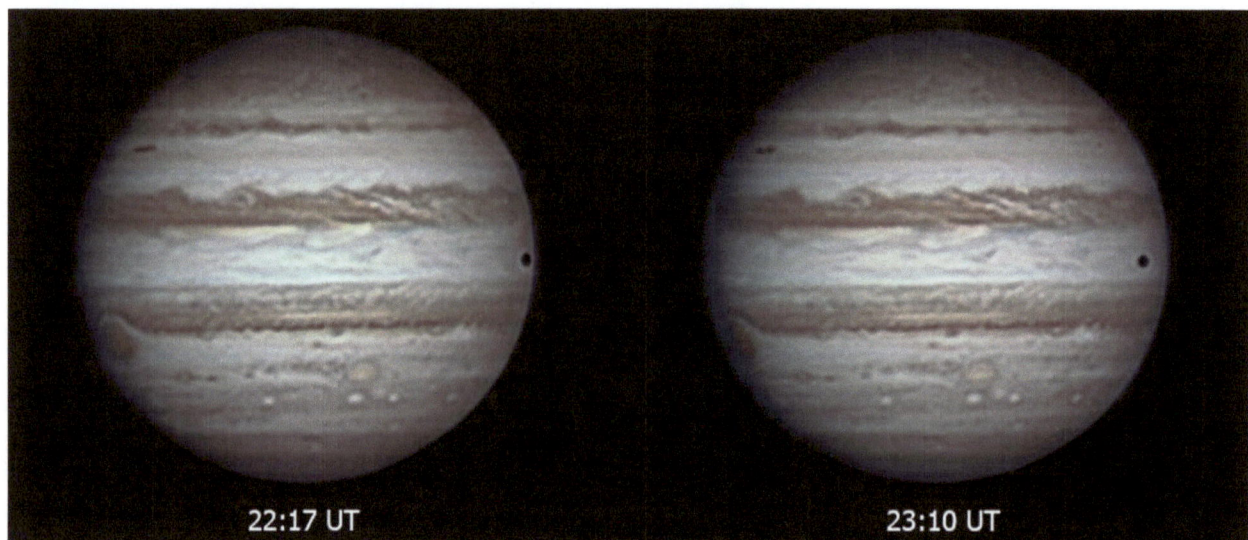

* L'irrequieta atmosfera di Giove ruota in meno di 10 ore. Incrociando gli occhi alla giusta distanza (guardando la punta del naso), si forma una terza immagine al centro che ha un marcato effetto 3D. Schmidt-Cassegrain 235-2350, montatura EQ6, camera planetaria mono ASI 120MM. 28 febbraio 2015. Ogni immagine è media di 3500 frame.

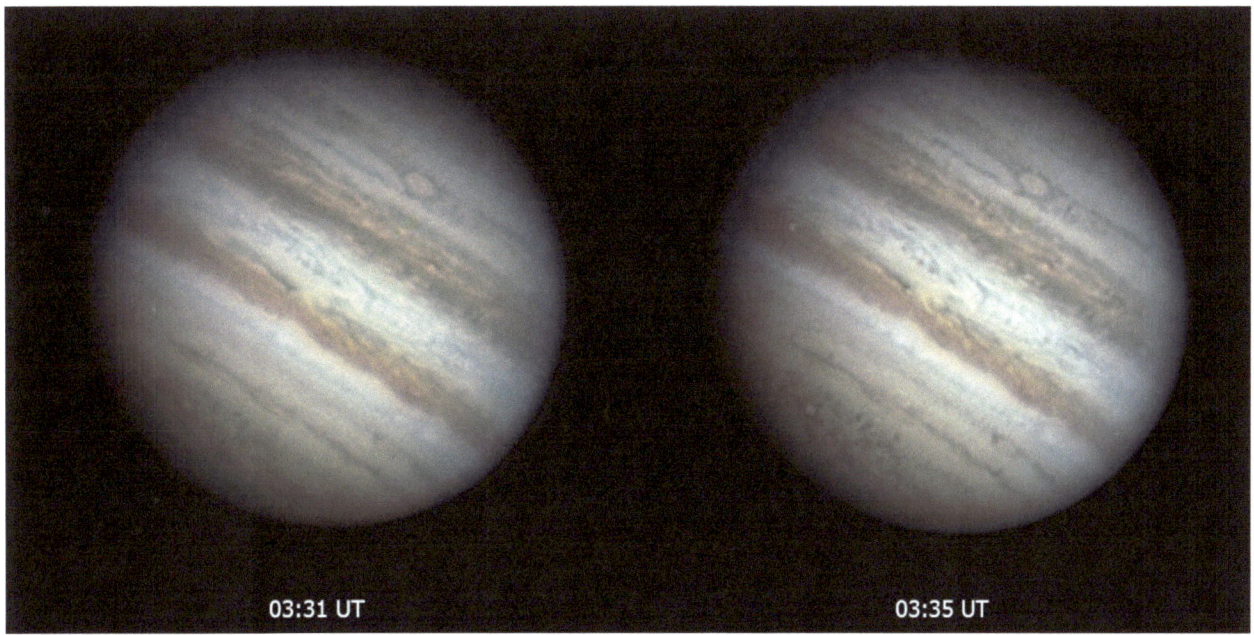

* Di nuovo un effetto 3D ottenuto con due riprese distanziate di pochi minuti. Schmidt-Cassegrain 350-4000, montatura EQ6, camera planetaria mono Lumenera LU075m. 5 agosto 2011. Media di 3500 frame per ciascuna immagine.

* Lo straordinario Saturno, con gli anelli che cambiano inclinazione nel corso degli anni. Schmidt-Cassegrain 235-2350, montatura EQ6, webcam Philips Vesta Pro (a sinistra) e camera mono Lumenera LU075m (a destra).

* Urano, a sinistra, e Nettuno, a destra, i pianeti più remoti, mostrano suggestive colorazioni tendenti all'azzurro. Montatura EQ6, webcam Philips Vesta Pro (a sinistra) e camera mono Lumenera LU075m (a destra).

La fotografia planetaria

Dopo aver visto le foto planetarie, scommetto che a molti sia venuta voglia di catturare dettagli di poche centinaia di chilometri su Marte, immortalare i bellissimi anelli di Saturno o vedere la bandiera sulla Luna (tranquilli, è impossibile, servirebbe un telescopio di 100 metri di diametro!). È una cosa molto bella, perché vuol dire che questo libro non ci sta lasciando indifferenti, ma tra il volere una cosa ed eseguirla c'è di mezzo un oceano.

Con la fotografia dei pianeti iniziamo a fare sul serio, sia per quanto riguarda la strumentazione necessaria che per l'impegno richiesto. Non è un caso se quasi tutte le foto pubblicate sono state eseguite dal 2007 in poi, quando io ho iniziato a occuparmi di fotografia digitale planetaria nel 2002. Cosa ho fatto in quei cinque anni? Ho imparato, senza produrre risultati degni di nota, a parte qualche raro colpo di fortuna.

Per fotografare con buoni risultati i corpi brillanti del Sistema Solare ad alta risoluzione serve un telescopio di buona qualità e discreta potenza ottica. Per potenza ottica si intende, di fatto, il diametro delle lenti o dello specchio principale, perché è questo che determina la capacità di risolvere piccoli dettagli, in gergo "potere risolutivo". Sebbene sia possibile fare belle foto anche con telescopi di piccolo diametro, per iniziare a divertirsi sul serio è consigliabile uno strumento da 15 o 20 cm di diametro. Se non vogliamo vendere un organo, dovremo abbandonare le lenti e andare su schemi ottici tipo Maksutov, Schmidt-Cassegrain o Newton, se non ci spaventa la mole di quest'ultima configurazione ottica. Il telescopio deve essere sorretto da una montatura solida in grado di compensare il moto della Terra. Sebbene le montature equatoriali siano da preferire, anche le moderne montature altazimutali computerizzate possono andare bene.

La fotocamera ideale per fare belle fotografie dei pianeti, della Luna e del Sole, in alta risoluzione, non è una fotocamera ma una videocamera, capace di registrare video ad alta risoluzione, senza comprimerli. Le moderne reflex hanno questa funzione ma non sono gli strumenti ideali, perché i video sono compressi, perché non è facile controllare manualmente tutte le impostazioni di ripresa e perché hanno inutilmente troppi pixel. A meno che non si vogliano fare grossi panorami lunari, i pianeti sono oggetti molto piccoli: avere sensori di diversi milioni di pixel è un ostacolo, non un vantaggio. La videocamera (ad esempio una economica ASI120 a colori) si inserisce, priva dell'obiettivo, nel portaoculari del telescopio, al posto dell'oculare. Si può ingrandire l'immagine e lavorare con rapporti focali compresi tra f10 e f20 utilizzando delle lenti di barlow di buona qualità, ma occhio ad aumentare troppo l'ingrandimento. La risoluzione raggiungibile è determinata dal diametro del telescopio; se si ingrandisce oltre il valore consigliato, l'immagine perde contrasti e dettagli. Se si vuole un pianeta più grosso occorre prendere un telescopio più grosso.

Le videocamere planetarie, a colori o monocromatiche, richiedono la presenza di un portatile nelle vicinanze. Il programma fornito, o scaricabile dalla rete (ad esempio Firecapture), consente la regolazione dei parametri di ripresa. Quelli importanti sono l'esposizione e il guadagno. Occorre trovare il giusto compromesso affinché si abbia un'immagine luminosa, non saturata, con un'esposizione di almeno 1/30 di secondo (33 millesimi) e un guadagno non troppo alto.

Controllata maniacalmente la messa a fuoco – e non è un'operazione semplice – si acquisiscono dei video non compressi, alla massima velocità consentita. La durata dei filmati dipende da quanto velocemente ruota il pianeta. Per Giove sono 2 minuti, per Saturno 3, per Marte 5, per gli altri non ci sono problemi. In generale è meglio non acquisire filmati più corti di 2 minuti e avere a disposizione migliaia di fotogrammi tutti uguali. Un software, come Registax e Autostakkert, analizzerà il video, scarterà i fotogrammi rovinati dalla turbolenza atmosferica e medierà gli altri, per restituire l'immagine finale grezza, alla quale potremo aumentare, leggermente, i contrasti con dei filtri chiamati wavelet, o maschere di contrasto. Sembra tutto semplice ma non lo è, perché spesso a determinare il successo o meno della nostra sessione è l'atmosfera terrestre che, con i suoi moti turbolenti, decide se e quando farci vedere i minuti dettagli planetari. Se essa non collabora, neanche con il migliore telescopio del mondo potremo fare buone fotografie. E' un gioco di pazienza. Bisogna imparare la tecnica e stare pronti a quei pochi minuti in un anno in cui l'aria, per chissà quale motivo, si calma al punto da farci vedere nitidamente i nostri vicini di casa.

Se l'occhio fosse abbastanza sensibile

Facciamo un passo indietro. Gettiamo (metaforicamente parlando) il telescopio utilizzato per ammirare i colori dei pianeti e delle stelle e domandiamoci: cosa vedrebbe l'occhio, senza alcun ausilio ottico, se potesse vedere a colori anche di notte? La risposta è semplice: uno spettacolo talmente bello che ci farebbe spegnere all'istante tutti quei selvaggi lampioni che abbiamo puntato verso l'alto. Sarebbe più bello di qualsiasi tramonto, di qualsiasi film, di qualsiasi show di fuochi d'artificio, di ogni cosa. Illuminerebbe le nostre notti più cupe, regalerebbe gioia e voglia di vivere a chiunque e ricorderebbe a molti che sognare è una delle poche cose per cui vale la pena vivere.

È vero, i nostri occhi non hanno sufficiente sensibilità, ma ora possiamo ammirare ugualmente tutta la meraviglia che ci sovrasta attraverso la fotografia astronomica, a patto che questa sia condotta da quei cieli bui che sono diventati più rari dell'oro.

Ora che abbiamo superato i limiti dell'occhio, forse, qualcuno si accorgerà cosa ci stiamo perdendo a causa dell'inquinamento luminoso e quanto sia assurdo dover percorrere centinaia, se non migliaia, di chilometri, per osservare quello che per miliardi di anni è stata la più solida certezza di questo Pianeta. La speranza è che questo nuovo Universo, ben più spettacolare di quello che per millenni ha ispirato le più grandi gesta e i più ambiziosi sogni dell'uomo, risvegli quell'assopita ambizione di conoscere l'ignoto che c'è lassù e quaggiù, dentro di noi. Se neanche dopo aver ammirato le opere d'arte più pregiate, straordinarie, mastodontiche e potenti della Natura, impreziosite dalla consapevolezza data dal nostro progresso tecnologico, avremo interesse nella contemplazione e nella salvaguardia del cielo notturno, quello sarà il segnale dell'inevitabile tramonto della nostra specie.

Campo stellare centrato attorno al polo sud celeste, visibile solo dall'emisfero australe. Questa foto è ancora simile alla visione a occhio nudo. In alto si può osservare la sagoma della grande Nube di Magellano, la più luminosa galassia satellite della Via Lattea. Obiettivo 16 mm f2.8, montatura EQ2, Canon 450D. Integrazione: 2 minuti. Queensland settentrionale, Australia, 9 novembre 2012.

* Solitudine celeste. Panorama notturno dal Grand Canyon illuminato da una sottile falce di Luna. L'infinito di fronte a noi, nell'assoluto silenzio della Natura. Sony A7s, obiettivo 28mm f2.8. Singolo scatto da 20 secondi. 27 agosto 2017.

* Polvere nel sistema solare sovrapposta alla Via Lattea. La luce zodiacale è formata da sottili particelle di polvere illuminate dal Sole. Visibile solo dai cieli incontaminati. Fotografia eseguita dall'outback australiano. Canon 450D, obiettivo 18-55 usato a 18mm f3.5, montatura EQ2. Singola posa da 5 minuti. 13 novembre 2012.

* Rotazione delle stelle attorno al polo nord celeste. Per definizione, queste fotografie mostrano ciò che l'occhio non può in alcun modo vedere, dato il tempo di esposizione totale di 3 ore, senza compensare il moto di rotazione della Terra. 15 luglio 2015.

* Rotazione delle stelle nei pressi dell'equatore celeste. Osservatorio astronomico dell'Università di Bologna, Loiano, 7 novembre 2015. Obiettivo Samyang 14 mm f2.8 chiuso a f8, Canon 450D. Integrazione: 3 ore.

South Celestial Pole rotation, 2012/11/10
Daniele Gasparri

* Rotazione attorno al polo sud celeste, ottenuta dallo scuro cielo dell'outback australiano. Oltre ai colori delle stelle, si possono notare le due nubi di Magellano, galassie satelliti della Via Lattea, e un cielo verde, soprattutto verso l'orizzonte. Non è inquinamento luminoso ma airglow, la naturale luminosità del cielo notturno dovuta alla ricombinazione degli atomi dell'alta atmosfera a seguito del notevole irraggiamento solare diurno. A occhio nudo questa luminosità naturale si percepisce bene, ma non si osserva mai il suo reale colore. Obiettivo 16mm f2.8, montatura EQ2 senza inseguimento, Canon 450D. Integrazione: 8 minuti. 10 novembre 2012.

La Via Lattea

Se osserviamo il cielo con un po' di attenzione nel corso dell'anno, ci accorgeremo presto che le stelle non sembrano disposte a caso. Ci sono delle stagioni, in particolare l'autunno e la primavera, in cui ce ne sono meno e sparse senza uno schema. In inverno e, a maggior ragione, in estate, invece, le cose cambiano. Il numero di stelle visibili aumenta molto e si possono notare bene delle zone in cui la loro densità si incrementa a tal punto che diventa difficile distinguerle singolarmente. Stiamo osservando le zone più dense della Via Lattea.

La Via Lattea è la nostra galassia, un enorme agglomerato di stelle, pianeti e nebulose che ruotano ordinatamente (più o meno) attorno al centro. Si stima che nella Via Lattea ci siano 400 miliardi di stelle, forse di più, e probabilmente altrettanti pianeti.

La forma della nostra isola di stelle è inconfondibile: si tratta di un disco schiacciato, con uno spessore dell'ordine di 600-1000 anni luce, esteso per circa 100 mila, solcato da degli straordinari bracci a forma di spirale. Si fa molta fatica a immaginare simili dimensioni, ma quello che più sorprende è come in questo inimmaginabile spazio possano trovare posto centinaia di miliardi di stelle, tra loro talmente lontane da apparire sempre come degli indistinti punti, anche con il più potente dei telescopi. Quattrocento miliardi di stelle, in media tanto distanti tra di loro che per le nostre astronavi servirebbero decine di migliaia di anni solo per raggiungere la più vicina.

Nelle calde notti estive possiamo osservare la porzione interna del disco della Via Lattea, quella che guarda verso le più affollate regioni centrali. Per noi che ci troviamo a metà strada tra il nucleo e il bordo esterno, è come fare una straordinaria gita nel centro di una sfavillante metropoli. Quelle stelle che ci sembrano così rade, viste in una prospettiva profonda migliaia di anni luce, diventano un muro fittissimo dall'inconfondibile tonalità giallognola che vira quasi all'arancione mano a mano che ci avviciniamo alle regioni centrali. Lì, in prossimità della costellazione del Sagittario, la banda si allarga e il disco lascia posto a una regione circa sferica, chiamata Bulge. Il cambio di colore ci suggerisce che qualcosa si modifica nelle caratteristiche medie delle stelle che stiamo osservando. Nel capitolo dedicato alle nebulose comprenderemo meglio il ciclo vitale delle stelle e avremo gli strumenti per credere alla seguente affermazione: le stelle delle regioni centrali sono in media molto più vecchie di quelle delle zone periferiche, con un'età superiore anche a 10 miliardi di anni. Se vogliamo meravigliarci del tempo che scorre, non cerchiamo pietre antiche nel nostro giardino di casa, perché anche le più vecchie sono poco più che adolescenti per l'Universo. Prendiamo un binocolo e osserviamo il centro della Galassia: molte delle stelle che potremo ammirare, proprio come in questa foto, hanno più di 10 miliardi di anni. Difficile trovare qualcosa di più antico.

Lungo tutta l'estensione di questa banda luminosa si possono ammirare, molto bene anche a occhio nudo, regioni vuote tagliare spesso in due il disco. Non sono spazi privi di stelle, tutt'altro! Quelle regioni oscure sono molto più dense della media e contengono enormi quantità di gas e polveri. Sottilissime, più dello smog che soffoca le nostre città, le polveri sono ingredienti fondamentali per l'Universo e galassie come la Via Lattea ne contengono per miliardi di masse solari. Come lo smog cittadino, le polveri della Galassia oscurano le regioni più dense e si fanno quasi del tutto impenetrabili nella zona del Bulge. Il centro della Via Lattea, sovrapposto alla costellazione del Sagittario, è talmente denso che per secoli ci ha nascosto la sua vera natura. Lì in mezzo si cela un buco nero milioni di volte più massiccio del Sole, il perno attorno al quale ruota tutto l'immane disco galattico, compresi noi, a una velocità di oltre 200 chilometri al secondo.

La parte invernale della Via Lattea è meno appariscente, perché guarda verso le regioni più periferiche. Dominata dalla stella Sirio, la più brillante del cielo, e scortata dalla statuaria figura di Orione, ha una colorazione meno accesa e più virata verso le fredde luci rispetto alla caotica zona del Bulge, segno che queste regioni sono in media molto più giovani. Sembra bizzarro, ma il colore, quando si osservano oggetti stellari, è un ottimo indicatore dell'età media di quella popolazione. E poiché noi non possiamo avvicinare fisicamente ogni stella dell'Universo per determinarne l'età anagrafica, questo è uno straordinario regalo della Natura che ci consente di scoprire cose che altrimenti non avremmo mai potuto conoscere.

* Regione centrale della Via Lattea dall'incontaminato cielo del Wyoming. Sony A7s, obiettivo 50 mm f1.8 chiuso a f4, montatura EQ2. Integrazione: 35 minuti. Foto del genere sono purtroppo off-limits dall'Italia.

* L'impressionante centro galattico, ricchissimo di stelle, nebulose, ammassi e cortine impenetrabili di polveri e gas. Nel centro del triangolo immaginario formato da quella nuvola colorata, detta nebulosa Laguna, quell'oggetto stellare molto luminoso in basso, il pianeta Saturno, e quel piccolo agglomerato di stelle nell'estrema sinistra della foto, c'è il cuore della Galassia, la regione più densa, capeggiata da un buco nero supermassiccio e una corte fittissima di stelle che gli ruotano intorno a enorme velocità. Sony A7s, obiettivo da 50 mm f1.8 chiuso a f4, montatura EQ2. Integrazione: 30 minuti. 18 agosto 2017, Laramie, Wyoming. Un cielo tanto scuro è impossibile da trovare in Italia a causa dell'enorme inquinamento luminoso.

* La magnifica Via Lattea estiva fotografata dallo scurissimo e trasparente cielo del Bryce Canyon, Utah, USA. Sony A7s, obiettivo 28 mm f2.8, montatura EQ2. Integrazione: 13 minuti. 24 agosto 2017.

* La Via Lattea si accinge al tramonto dal cielo scuro del Bryce Canyon. Questa è la fedele visione a occhio nudo: monocromatica ma ugualmente entusiasmante. Da un cielo tanto scuro la Via Lattea è tanto evidente da proiettare delle deboli ombre sugli oggetti più chiari. Sony A7s, obiettivo 28mm f2.8. Integrazione: 10 minuti (30 pose da 20 secondi allineate due volte: sulle stelle per la Via Lattea, sul paesaggio per il panorama). 24 agosto 2017.

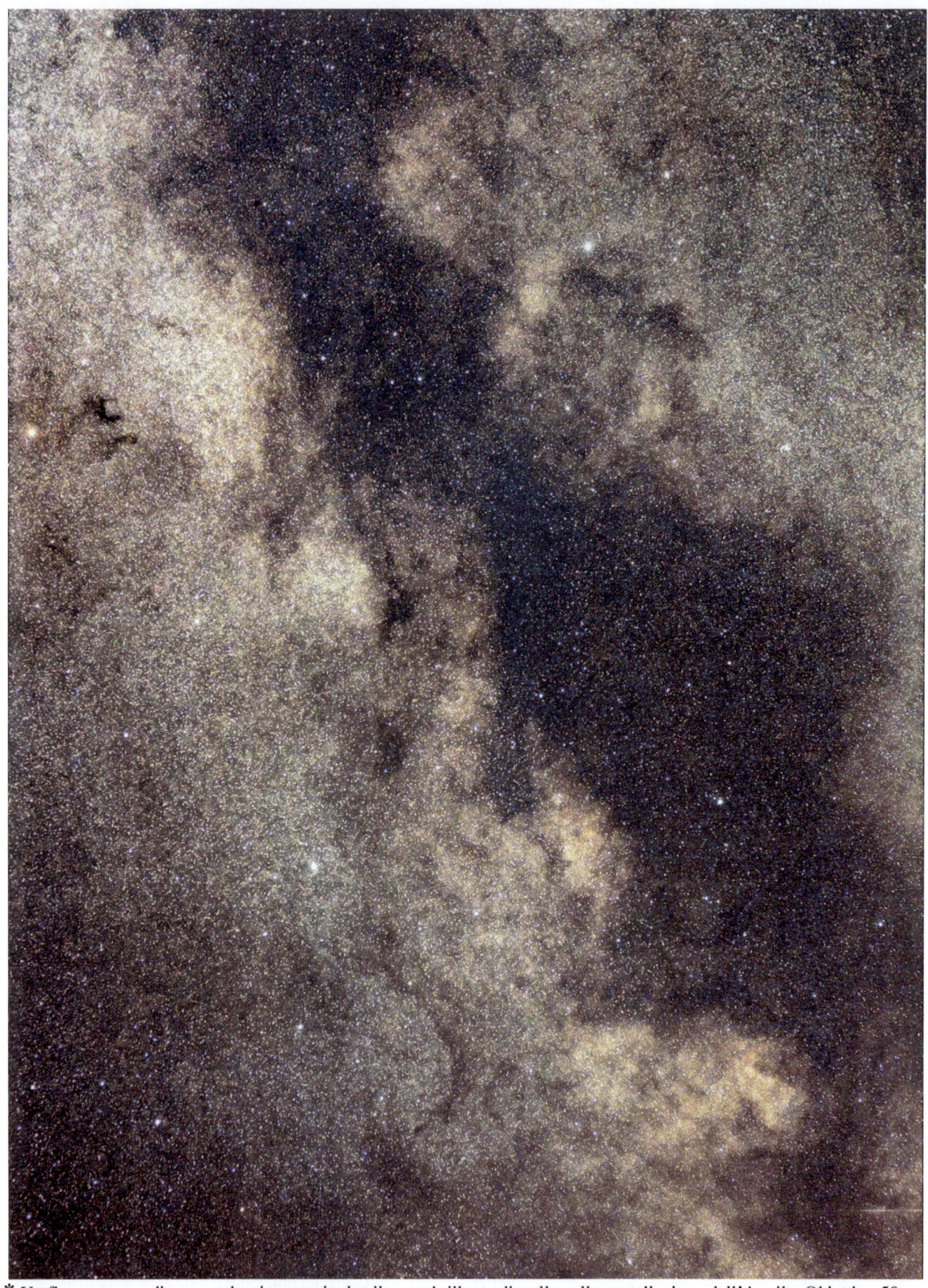

* Un fiume oscuro di gas e polveri spacca in due il muro brillante di stelle nella costellazione dell'Aquila. Obiettivo 50mm f1.8 chiuso a f4, montatura EQ3.2, Canon 450D. Integrazione: 1.2 ore. 9 luglio 2016.

* Dense trame di nubi di polveri, estese per centinaia di anni luce, oscurano il centro galattico. In basso si osserva la sagoma della nebulosa Laguna. Obiettivo 50mm f4, montatura EQ3.2, Canon 450D. Integrazione: 1 ora. 9 luglio 2016.

* I colori della via lattea invernale australe, più brillante della porzione visibile nell'emisfero nord. In alto a destra si osserva la Grande Nube di Magellano, poco più a sinistra Canopo, la seconda stella più brillante del cielo. Nell'angolo in alto a sinistra, infine, compare Sirio, la stella più luminosa del cielo. Obiettivo 16mm f2.8, montatura EQ2, Canon 450D. Integrazione:12 minuti. 10 novembre 2017 da Chillagoe, piccolo villaggio nel Queensland australiano.

* Porzione della Via Lattea invernale a cavallo della costellazione di Orione (in basso) e del Toro (in alto a destra). Sull'estrema destra si riconosce l'ammasso aperto delle Pleiadi. Al centro il punto luminoso è il pianeta Giove. Come apparirebbe questo campo a occhio nudo? Come nella foto seguente.

* Versione elaborata della precedente immagine che simula l'aspetto dello stesso campo visto attraverso l'occhio nudo, sotto un cielo estremamente scuro.

La fotografia a grande campo

Per effettuare le fotografie di questo capitolo si è utilizzata una tecnica e una strumentazione del tutto differenti rispetto alle immagini planetarie.

La fotografia delle tracce stellari è sicuramente la più semplice. Bisogna infatti dotarsi di una reflex, cercare un cielo buio – ed è questa l'impresa più difficile – senza il disturbo della Luna, e posizionare la fotocamera in un punto stabile, magari con qualche bella scena naturalistica. Un treppiede solido è assolutamente necessario, come è fondamentale un telecomando per la programmazione degli scatti. La tecnica, infatti, prevede di acquisire tante fotografie tutte identiche e montare la foto finale che mostra la scia delle stelle in un secondo momento, in fase di elaborazione. Si potrebbe pensare di fare una singola esposizione della durata di 2-3 ore e in effetti al tempo della pellicola le cose funzionavo così. I sensori, però, si comportano male all'aumentare del tempo di esposizione, con la comparsa di rumore (granulosità) e difetti che cancellerebbero tutti i dettagli del cielo. È molto meglio quindi fare tante pose da 30 secondi rispetto a una lunga.

Gli star trail più belli si ottengono con obiettivi a grande campo, dai 12 ai 18 mm, ma nulla vieta di sperimentare. Poiché non interessa la profondità, si possono fare foto a ISO medio-bassi, dell'ordine di 400, con diaframmi dell'ordine di f4-8. Gli scatti, affinché le tracce siano continue, devono essere eseguiti senza interruzioni e senza muovere il supporto, per almeno un paio d'ore. In questi casi si può scattare in formato jpg, tanto non ci sono dettagli fini o tenui sfumature di colore da preservare. La composizione dello star trail avviene con un software gratuito, chiamato startrails che, a partire dai file jpg della sequenza, compone automaticamente l'immagine, che potremo poi elaborare leggermente aumentando la saturazione dei colori e regolando i livelli di luminosità.

Per la fotografia a grande campo e lunga esposizione, bisogna dotarsi di una piccola montatura equatoriale motorizzata, o di un astroinseguitore. Entrambi svolgono le stesse funzioni, solo che gli astroinseguitori sono la moda del momento e per questo costano di più rispetto a montature simili.

Chi vuole dedicarsi in modo continuativo a questa fotografia, dovrebbe considerare la modifica della propria reflex, che prevede la sostituzione del filtro di fronte al sensore con uno più performante e sensibile all'emissione rossa delle nebulose.

Gli obiettivi da utilizzare sono generalmente a corta focale, molto luminosi e di ottima qualità. I classici 18-55 mm, venduti a corredo con le reflex entry level, sono ottimi per farsi le ossa ma di scarsa qualità. Di nuovo, tutti gli automatismi utili di giorno a noi non servono: via stabilizzatore e via autofocus. La messa a fuoco si fa a mano, attraverso la funzione live view, su una stella brillante. Il cielo deve essere molto scuro e non deve essere presente la luna. Per molto scuro si intende che d'estate deve essere visibile la Via Lattea e d'inverno evidente la nebulosa di Orione.

La tecnica prevede, dopo aver stazionato verso il polo nord celeste l'inseguitore e aver messo a fuoco, di fare diverse esposizioni di lunghezza tra 2 e 5 minuti, con l'obiettivo aperto almeno a f4 e sensibilità attorno agli 800 ISO. Di nuovo, si dovrebbero effettuare tanti scatti singoli, tutti uguali, fino a raggiungere il tempo di integrazione desiderato. Ottimi risultati, come si è visto, si raggiungono almeno tra i 15 e i 30 minuti di integrazione, a prescindere dalla qualità del sensore.

Per i fotografi più esigenti e tempi di esposizione dai 5 minuti in su, è necessario acquisire altre immagini per eliminare quella pletora di pixel colorati presenti sul sensore. Si chiamano dark frame e sono delle esposizioni fatte alla medesima temperatura e durata ma con l'obiettivo tappato. In alternativa, una tecnica ancora migliore è quella di fare dithering, ovvero spostare di poco e casualmente la fotocamera dopo ogni esposizione, in modo da mediare il rumore di fondo.

Gli scatti raccolti vanno allineati e sommati con un programma apposito, ad esempio Deep Sky Staker, che fornisce l'immagine grezza finale che dovremo elaborare. Il segnale raccolto ci sarà, ma sarà nascosto: il nostro compito è, attraverso programmi come lo stesso Deep Sky Stacker o più avanzati come Photoshop o Gimp, regolare curve, livelli, saturazione dei colori. L'elaborazione, analogo digitale dello sviluppo delle vecchie pellicole, è un'attività che va appresa con pazienza e tentativi, tenendo sempre ben in mente che questa non deve creare nulla ma estrapolare, nel miglior modo possibile, tutte le informazioni catturate durante la serata fotografica. Senza del buon materiale di partenza, nessuna elaborazione potrà regalarci una bella foto; ricordiamocelo sempre.

Un'esplosione di colori nella Galassia

Siamo abituati a pensare che l'Universo sia un luogo dove regni il vuoto assoluto, ma non è così. Che questa affermazione abbia dei punti deboli si intuisce facendo un semplice ragionamento: da dove viene la materia che forma la Terra, i pianeti e le stelle? Proprio da quello spazio nero quasi vuoto, ma che vuoto non è, altrimenti non esisteremmo nemmeno noi.

Meno di trecento anni fa, tra i palazzi di una Parigi nel pieno della prima rivoluzione industriale, un certo Charles Messier, con un telescopio da 0.09 metri di diametro(!) svolgeva l'attività più importante per un astronomo del tempo: la ricerca di comete, batuffoli lattiginosi in lento movimento tra le stelle, che riscuotevano molta attenzione, e timore, nella società del tempo. Ben presto Messier e molti colleghi si accorsero, però, che il cielo era pieno di falsi positivi: corpi celesti misteriosi, dalla forma simile a quella di una cometa, che però non si muovevano rispetto alle stelle. Non potevano essere comete e non dovevano essere scambiate per tali, così decisero di classificarli e catalogarli. Il catalogo Messier, contenente 110 oggetti diffusi, fu la prima raccolta di oggetti non stellari della storia. Tra questi c'erano ammassi globulari, nebulose e galassie, la cui natura non sarebbe stata svelata per molti anni. Il seme, fortuito, inconsapevole, ancora indecifrabile, era stato però piantato; l'inizio di una rivoluzione scientifico-culturale dalla portata simile, se non superiore, di quella che scatenò Galileo puntando un telescopio verso il firmamento, sarebbe stato travolgente.

In pochi decenni, grazie a un'impressionante evoluzione strumentale e culturale, si assistette a una straordinaria progressione che trasformò quelle poche decine di oggetti diffusi disturbanti, in migliaia di interessanti e misteriosi corpi celesti di un Universo sempre più popolato ed enigmatico.

Gli ammassi stellari

Agli inizi del ventesimo secolo la natura di alcuni oggetti diffusi era stata svelata: quelle che sembravano nuvole sferiche erano agglomerati di stelle. Alcuni poco concentrati, gli ammassi aperti, altri con una densità elevatissima, gli ammassi globulari. Molti, tuttavia, restavano enigmatici, perché ancora di aspetto nebulare. Come andò a finire la storia lo abbiamo già visto nell'introduzione.

Gli ammassi stellari aperti somigliano molto a scrigni pieni di luminosi gioielli. Sparsi nel disco della Via Lattea, questi conglomerati composti da decine, centinaia di stelle, sono gemme che in fotografia mostrano tutta la varietà di colori accessibile all'occhio. È difficile trovare in altri luoghi dell'Universo una tale ricchezza di tonalità tutte insieme, e il motivo di tutto questo ha una spiegazione fisica molto chiara. Gli ammassi aperti sono delle incubatrici cosmiche, i reparti maternità del cielo stellato. In questi luoghi si trovano stelle tutte della stessa età, nate da una stessa cucciolata, in media appena qualche decina di milioni di anni prima. Rapportato ai tempi dell'Universo, è un tempo brevissimo, simile a quello che nei nostri ospedali i bambini trascorrono davvero nel reparto maternità. Gli ammassi aperti, quindi, sono così giovani che in molti di essi si possono osservare anche le luminosissime stelle blu, quelle che trascorreranno una vita fatta di eccessi e per questo molto breve, non superiore a poche centinaia di milioni di anni. Per confronto, le piccole nane rosse possono vivere anche per 1000 miliardi di anni! Alcuni ammassi aperti sono così giovani che si possono osservare ancora dentro "la pancia della madre", ovvero all'interno delle nebulose che li hanno creati.

Gli ammassi globulari, invece, sono del tutto differenti. Non si trovano nelle affollate regioni del disco galattico ma orbitano attorno al centro della Via Lattea, in una regione detta alone, molto meno densa del disco. Sebbene di aspetto stellare, non di rado simile a quello dei fratelli minori appena incontrati, gli ammassi globulari sono gli oggetti più antichi dell'Universo. Le loro stelle, centinaia di migliaia, sono tutte più vecchie del Sole e di molte porzioni della Via Lattea. Lo possiamo notare osservando i colori delle fotografie: la grandissima parte delle stelle ha un colore giallo/arancio. Gli ammassi globulari della Via Lattea hanno tra 12 e 13 miliardi di anni: non riusciremo a osservare niente di più antico con tanta facilità.

* NGC869-884, conosciuto anche come doppio ammasso del Perseo, visibile anche a occhio nudo da cieli scuri. Tutti gli oggetti stellari brillanti, come questo, mostrano bellissimi colori anche all'osservazione visuale. Obiettivo Super Takumar 200mm f4, montatura EQ6, camera CCD a colori ST-2000XCM. Integrazione: 40 minuti. 23 ottobre 2017.

✳ per le stelle e * per le nebulose. M45, le Pleiadi, sono l'ammasso aperto più famoso e tra i più brillanti. Facilmente visibili a occhio nudo, come un carro in miniatura, in fotografia a lunga esposizione risultano immerse nei gas e nelle polveri della Via Lattea. Data la colorazione nettamente azzurra delle stelle più brillanti, si può dedurre che sia un oggetto piuttosto giovane per l'Universo, appena 100 milioni di anni. Obiettivo Super Takumar 200mm f4, montatura EQ6, camera CCD a colori ST-2000XCM. Integrazione: 5 ore. 23 ottobre 2017.

* M13, l'impressionante ammasso di Ercole; uno degli ammassi globulari più brillanti del cielo, contenente diverse centinaia di migliaia di stelle. Distanza: 25 mila anni luce. Età: tra 12 e 13 miliardi di anni.
Newton 250-1200, camera CCD mono ST-10XME e a colori ST-2000XCM. Integrazione: 3 ore. 17 aprile 2017 – 6 maggio 2017.

Le nebulose

Le nebulose sono senza dubbio gli oggetti più straordinariamente colorati dell'Universo. Ogni qualvolta un curioso osservatore ammira una foto di una nebulosa, fatica a credere che quelle tonalità tanto accese siano reali, sospettando, neanche troppo silenziosamente, la mano artistica del fotografo. Eppure, anche se è difficile da credere, le nebulose sono molto colorate; ma affinché questa affermazione ci convinca, dobbiamo capire i motivi fisici di queste tonalità.

Le nebulose sono sterminate distese di gas e polveri, sparse un po' ovunque, soprattutto lungo il disco della Via Lattea. È da questi luoghi che nascono le stelle e i pianeti. La composizione tipica di una nebulosa è per il 90% (in numero) idrogeno, 8% elio e il restante 2% di elementi più pesanti che possono trovarsi sotto forma di gas (ad esempio ossigeno) o di piccoli agglomerati solidi chiamati polveri, se la temperatura è sufficientemente bassa (meno di 3000°C). Le nebulose sono la testimonianza che lo spazio non è vuoto ma cosparso di gas e polveri, sebbene con una densità per noi molto vicina al concetto di vuoto. Una tipica nebulosa, infatti, ha una densità tra 1000 e un milione di atomi ogni centimetro cubo. Lo spazio tra le stelle, lontano dalle nebulose dense, ha una densità dell'ordine di un atomo ogni centimetro cubo; poco ma diverso da zero. Considerando quanto spazio c'è a disposizione solo nel volume occupato dalla Via Lattea, si capisce che c'è materia in abbondanza per formare teoricamente miliardi di nuove stelle! Per confronto, l'aria che respiriamo, al livello del mare, possiede qualcosa come 10 miliardi di miliardi di molecole ogni centimetro cubo. Detta in questi termini, sembra che l'aria terrestre sia un muro impenetrabile, ma dobbiamo imparare a non dare interpretazioni personali troppo soggettive ai numeri che leggiamo.

A seconda della temperatura e densità del gas e delle polveri, le nebulose possono sembrare degli oscuri buchi nel cielo, oppure riflettere di una debole luce azzurra o, ancora, emettere grandi quantità di energia, per lo più di un acceso color rosso. Stiamo parlando rispettivamente di nebulose oscure, nebulose a riflessione e nebulose a emissione.

Le nebulose possono essere tra i luoghi più freddi dell'Universo o più calde delle stelle. In ognuno dei casi, data la bassissima densità, non emettono la luce caratteristica data dalla legge di corpo nero, se non per le più dense e fredde, che però brillano nell'infrarosso.

Limitandoci quindi alle regioni spettrali accessibili ai nostri occhi, le nebulose oscure, con le loro temperature che oscillano tra i -260 e -270°C, risultano del tutto buie. L'effetto è quello di un vuoto nello spazio, che risulta privo di stelle, ma dobbiamo stare attenti perché l'apparenza inganna: lì, proprio come nelle regioni più affollate della Via Lattea, le stelle ci sono ma risultano nascoste dietro un fitto banco di nebbia.

Quando gas e polveri sono molto meno dense, la luce delle stelle riesce a passare. Se questa non è troppo energetica, non è capace di scaldarle al punto da farle emettere luce, ma è sufficiente per rendere visibile quella distesa come se fossero dei sottilissimi cirri cosmici: stiamo ammirando una nebulosa a riflessione, tipicamente di color blu/azzurro e molto più raramente con tonalità giallo/arancio. Infine, quando in mezzo a quella distesa di gas si accendono stelle molto più luminose del Sole, la loro potente radiazione ultravioletta, per noi invisibile, è sufficiente per strappare gli elettroni ai composti gassosi, in particolare all'idrogeno. E' un processo che ci sembra familiare e in effetti lo abbiamo visto nel capitolo dedicato alle aurore. Dopo un tempo brevissimo, l'atomo ionizzato ritrova un elettrone e nelle transizioni che lo portano di nuovo allo stato energetico iniziale vengono emessi dei fotoni di una lunghezza d'onda ben precisa. Poiché nell'Universo, al contrario della nostra atmosfera, l'idrogeno domina, la luce emessa da quelle che vengono chiamate nebulose a emissione è caratterizzata dalle transizioni che l'elettrone ritrovato compie per posizionarsi nei livelli energetici più bassi, tutte con lunghezze d'onda ben definite. A dominare è il rosso acceso della riga alpha dell'idrogeno, a 656.3 nm, seguita dalla riga beta, a 486.1 nm, nel blu. Non è difficile immaginare, con emissioni così nette, come le nebulose siano gli oggetti più colorati dell'Universo, tanto accesi da sembrare, a volte, tratti di evidenziatore.

* La nebulosa Laguna (M8), una delle più luminose nebulose a emissione del cielo, ben visibile a occhio nudo nelle serate estive come una piccola nuvoletta grigia. Estesa per oltre 100 anni luce e distante circa 4000 anni luce, in fotografia rivela la colorazione tipica di questi oggetti, dominati dall'emissione alpha dell'idrogeno.
Newton 130-650, montatura EQ6, camera CCD a colori ST-2000XCM. Integrazione: 2 ore. 29 aprile 2017.

* Nebulosa a riflessione sovrapposta, per un allineamento casuale, all'ammasso aperto M45 (Pleiadi). La radiazione delle lontane stelle di sfondo filtra attraverso le impalpabili polveri cosmiche, che si rendono visibili come un sottile velo di nebbia. Newton 250-1200, montatura EQ6, camera CCD a colori ST-2000XCM. Integrazione: 2 ore. 27 agosto 2016.

* La splendida nebulosa Testa di Cavallo, l'esempio più famoso di nebulosa oscura. La forma tipica della testa di un cavallo è disegnata da una nebulosa oscura, molto fredda e densa, che si trova più vicino rispetto alla regione più rarefatta a emissione di sfondo. Newton 250-1200, montatura EQ6, camera CCD a colori ST-2000XCM. Integrazione: 5.2 ore. 31 ottobre 2016.

Porzione centrale della grande nebulosa di Orione (M42), la più bella e luminosa del cielo. Newton 250-1200, montatura EQ6, camera CCD a colori ST-2000XCM. Integrazione di appena 12 minuti. 1 settembre 2016.

* La nebulosa Aquila (M16) e all'interno i "Pilastri della creazione", volute di gas freddo e denso che in questo momento stanno formando nuove stelle e pianeti.
Newton 250-1200, montatura EQ6, camera CCD mono ST-10XME. Integrazione: 4 ore, di cui 3 ore con filtro H-alpha, utilizzato come luminanza, e un'ora per le informazioni sul colore.

Nebulose per tutti i gusti

Le tre classi di nebulose, di cui abbiamo avuto un assaggio, sono solo gli esempi più brillanti del nostro cielo. Poiché la Via Lattea è una galassia molto ricca di gas, di nebulose se ne possono fotografare migliaia. Per quanto possiamo cercare, in lungo e in largo, con telescopi sempre più potenti, non troveremo due nebulose uguali. Sebbene tutte obbediscano a poche e chiarissime leggi fisiche, i quadri che dipinge l'Universo sono assolutamente unici quanto a forma, estensione e colori. Di fatto, con l'osservazione delle nebulose prima e con le galassie poi, siamo entrati nel più grande museo della nostra storia. Questo museo ha aperto le porte a noi fortunati osservatori solo da poche decine di anni ed è impressionante pensare che non esiste essere umano che lo abbia potuto esplorare tutto.

Non parliamo delle regioni ancora raggiungibili a fatica con i più grossi telescopi del mondo, ma anche delle zone a noi più vicine della Via Lattea. Il numero di opere d'arte in questo museo supera di gran lunga il tempo a disposizione delle nostre vite. Neanche osservando fugacemente un corpo celeste ogni secondo, arriveremo a vedere tutti gli ammassi stellari e le nebulose presenti solo nella Via Lattea. E qualcuno ha ancora il coraggio di affermare "perché osservi il cielo, se le cose da osservare sono sempre le stesse?".

✶ La stella AE Aurigae e la nube di gas e polveri che la circonda, illuminata dalla potente radiazione UV della stella. Tutte le nebulose a emissione devono avere delle potenti sorgenti dentro di esse per scaldarle alle diverse migliaia di gradi necessari a far sì che emettano luce.
Newton 250-1200, montatura EQ6, camera CCD a colori ST-2000XCM. Integrazione: 5 ore. 29 dicembre 2016.

* M17, detta nebulosa Omega o Cigno, nella costellazione del Sagittario, è una delle più belle da osservare al telescopio. Newton 250-1200, montatura EQ6, camera CCD a colori ST-2000XCM. Integrazione: 2 ore. 1 settembre 2016.

* Visione a grande campo della grande nebulosa di Orione, parte più densa di un vastissimo complesso di gas e polveri che avvolge quasi tutta la costellazione. Newton 130-650, montatura EQ6, camera CCD a colori ST-2000XCM. Integrazione 2.3 ore. 24 ottobre 2017.

* La nebulosa Bolla (NGC7635) è una bolla creata dalla pressione di radiazione della stella centrale. Rifrattore ED 70-420, montatura Ioptron iEQ45, camera CCD a colori ST-2000XCM. Integrazione: 4 ore. 30 luglio 2016.

* La stessa nebulosa, ma ripresa con un Newton 250-1200, camera CCD mono ST-10XME per la luminanza con filtro H-alpha e camera CCD a colori ST-2000XCM per l'informazione sul colore. Integrazione: 8 ore. 29 luglio 2016 (colore), 20 ottobre 2017 (H-alpha).

* La nebulosa Trifida (M20) è l'esempio più luminoso di coalescenza tra i tre tipi di nebulose diffuse descritti nel testo. Newton 250-1200, montatura EQ6, camera CCD a colori ST-2000XCM. Integrazione: solo 36 minuti. 8 agosto 2016.

* La regione tra la stella Rho Ophiuchi (in alto) e Antares (in basso) è una delle più colorate del cielo. Si osservano tutti gli oggetti della Galassia: nebulose oscure, nebulose a riflessione azzurre, una rarissima nebulosa a riflessione arancione, illuminata dalla luce di Antares. A destra si osserva una nebulosa e emissione e, infine, in basso, un ammasso globulare. Obiettivo Zeiss 135mm f3.5, montatura EQ3.2, camera CCD a colori ST-2000XCM. Integrazione: 3 ore. Luglio 2016.

* La tenue nebulosa oscura e a riflessione soprannominata Testa di Cavallo blu, molto più evanescente della sorella maggiore nella costellazione di Orione. Obiettivo Zeiss 135mm f3.5, montatura EQ3.2, camera CCD a colori ST-2000XCM. Integrazione: 3.5 ore. 27 luglio 2016.

* La nebulosa Iris (NGC7023), illuminata dalla luce della stella centrale, brilla per riflessione nelle porzioni interne. Quelle esterne, invece, sono regioni oscure molto fredde. Newton 250-1200, montatura iOptron iEQ45, camera CCD a colori ST-2000XCM. Integrazione: 5.6 ore. 3 agosto 2016.

* La debole nebulosa oscura VDB152 forma un lungo serpente nel cielo. Rifrattore ED 70-420, montatura iOotron iEQ45, camera CCD a colori ST-2000XCM. Integrazione: 6.2 ore. 7 agosto 2016.

* NGC7000, detta nebulosa Nord America a causa della sua inconfondibile forma, nella costellazione del Cigno. Rifrattore ED 70-420, montatura EQ3.2, camera CCD a colori ST-2000XCM. Integrazione: 2 ore. Luglio 2015.

Le nebulose: l'inizio della nostra storia

Abbiamo capito cosa sono le nebulose e perché, spesso, emettono luce, ma ancora non abbiamo parlato del loro ruolo nell'Universo. A cosa servono? Cosa rappresentano? Come nascono e come evolvono?

Le nebulose sono la manifestazione evidente dello stato dell'Universo prima della comparsa delle stelle. Queste immense distese di gas, che possono raggiungere estensioni anche superiori a 1000 anni luce, rappresentano lo stato fondamentale dell'Universo. Tutti i corpi celesti che possiamo osservare, compresa la terra su cui camminiamo, sono diretta conseguenza dell'evoluzione delle nebulose. È da queste che si formano le stelle, gli ammassi stellari, le superfici dei pianeti e persino la materia che costituirà le eventuali forme di vita. Tutto quello che osserviamo, naturale, artificiale, biologico, un tempo molto lontano era materiale sparso in un'antica nebulosa.

Pochi ingredienti, nelle giuste proporzioni, sono sufficienti per originare tutto quanto. Una grande quantità di gas, quasi tutto idrogeno, denso e freddissimo, sparsa su una superficie immensa; la forza di gravità e tanto tempo a disposizione. È così, a grandi linee, che si formano stelle e pianeti.

La forza di gravità del gas stesso, in precario equilibrio, aiutata magari da qualche piccola perturbazione, innesca una lenta ma inesorabile contrazione. Di solito nelle regioni di formazione stellare c'è materiale a sufficienza per generare decine, persino migliaia di stelle. Mano a mano che questo gas si comprime, inizia a frammentarsi nei nuclei di condensazione che daranno origine alle singole stelle. Il resto è una comune storia di termodinamica, quella materia che gli adulti hanno dimenticato e i più giovani impareranno presto a odiare, la cui comprensione è però fondamentale per spiegare molte proprietà dell'Universo.

Un gas che si comprime aumenta la densità e si scalda. La forza di gravità forma così, in poche centinaia di migliaia di anni, dei nuclei densi e caldi, chiamati protostelle. Mano a mano che il tempo passa, queste protostelle diventano sempre più massicce e calde, fino a quando nel loro nucleo non si supera la fatidica soglia di 10 milioni di gradi. A quel punto si innesca lo straordinario prodigio della Natura, che gli antichi popoli chiamavano, senza alcuna nozione fisica, "alchimia" e che la scienza moderna ha definito "fusione nucleare". I nuclei atomici dell'idrogeno si scontrano tanto violentemente che invece di respingersi, a causa dell'avere cariche elettriche uguali, si fondono per formare un nuovo elemento, l'elio, e un'enorme quantità di energia. Basterebbero 2 grammi di idrogeno per generare l'energia di 11 tonnellate di carbone che bruciano. Il motore della stella si accende, fondendo migliaia di miliardi di tonnellate di atomi di idrogeno ogni secondo e l'antica nebulosa oscura e fredda è destinata ben presto a trasformarsi in un oggetto molto differente.

Pochi milioni di anni al massimo e le stelle all'interno delle nebulose hanno raggiunto la piena produzione di energia. Il gas residuo della nebulosa viene scaldato dalla potente radiazione stellare e per questo si espande. Se la componente ultravioletta è molto intensa, il gas raggiunge i 10 mila gradi Celsius e inizia a brillare come una meravigliosa nebulosa a emissione. Quando le nebulose si accendono, la formazione stellare al loro interno rallenta notevolmente, perché il gas è talmente caldo e ormai rarefatto che non riesce più a contrarsi a causa della sua stessa gravità. In alcuni casi, tuttavia, restano delle sacche ancora dense che riescono a schermare la luce ultravioletta esterna e potranno generare ancora nuove stelle. È curioso, in un certo senso, osservare come queste sfere luminosissime si originino dai luoghi più oscuri e freddi del Cosmo e solo dopo essersi accese stabilmente riescono a rompere il guscio di quel freddo bozzolo e a rischiararlo, rendendolo visibile fino a milioni di anni luce di distanza. È anche impressionante, osservando queste foto, soffermarsi sul peso delle parole dette, su quanta fatica siano costate all'umanità, che non le ha ricevute di certo in dono dal cielo ma le ha dovute scoprire, giorno dopo giorno, uomo dopo uomo.

Nella rappresentazione degli oggetti dell'Universo ottenuta con i nostri moderni telescopi non c'è solo la loro straordinaria bellezza, ma anche le millenarie vicende di generazioni di scienziati che hanno continuato l'ambizioso sogno dei loro predecessori. Come un'unica coscienza, animata dall'insaziabile voglia di sapere, l'umanità ha saputo dare una spiegazione a quell'antico cielo oscuro, misterioso e spesso temuto. Scritti nelle foto, quindi, ci sono i sogni di un popolo che solo continuando a osservare l'Universo si potrà garantire un futuro roseo e prosperoso.

* Spettacolare visione all'interno della grande nebulosa di Orione, tra polveri e gas ionizzato. Newton 250-1200, montatura EQ6, camera CCD a colori ST-2000XCM. Integrazione: 3 ore. 30 dicembre 2016.

* La spettacolare nebulosa Fiamma (NGC2024), a ridosso della stella Alnitak nella costellazione di Orione. Newton 250-1200, montatura EQ6, camera CCD a colori ST-2000XCM. Integrazione: 5.2 ore. 1 novembre 2016.

* Campo largo attorno alla stella AE Aurigae e la sua nebulosità. Rifrattore ED 70-420, montatura EQ6, camera CCD a colori ST-2000XCM. Integrazione: 2 ore nel visibile, .5 ore in H-alpha. 27-28-29 ottobre 2016.

* M78, nebulosa a riflessione in un campo pieno di polvere interstellare, nella costellazione di Orione. Rifrattore ED 70-420, montatura EQ6, camera CCD a colori ST-2000XCM. Integrazione: 5 ore. Dicembre 2016.

* La debole nebulosa Cocoon, nel Cigno. Una nebulosa a emissione seguita da una lunga coda di polveri e gas freddo. Rifrattore ED 70-420, montatura EQ3.2, camera CCD a colori ST-2000XCM. Integrazione: 3 ore. Luglio 2015.

* La nebulosa Proboscide di Elefante, nel Cefeo: una lingua oscura che si staglia su una ricca zona a emissione. Rifrattore apo Takahashi 106-530, montatura EQ6, camera CCD a colori ST-2000XCM. Integrazione: 4.2 ore. Giugno 2015.

La fine delle stelle simili al Sole

Tutto nell'Universo ha un inizio e tutto ha una fine. È uno dei pochi principi su cui si basa una mastodontica macchina nella quale tutto deve funzionare sempre nel modo corretto.

Le stelle si formano dalle nebulose e prima o poi raggiungono la fine della loro vita. Quando nel nucleo l'idrogeno inizia a terminare, la ricerca spasmodica di nuovo carburante produce drastici cambiamenti nelle stelle. Inizia la fase di gigante rossa, nella quale le regioni esterne si possono espandere di centinaia di milioni di chilometri, mentre il nucleo si contrae per innalzare la temperatura e poter bruciare anche l'idrogeno più periferico. La stella originaria diventa irriconoscibile: migliaia di volte più estesa e con una densità superficiale milioni di volte inferiore all'aria che respiriamo.

Le stelle con massa, ovvero quantità di materia, simile al Sole, per circa un miliardo di anni combattono questa strenua battaglia contro la loro stessa forza di gravità, andando a cercare sempre nuovo carburante. Riescono a utilizzare persino l'elio, quando nel nucleo raggiungono i 100 milioni di gradi di temperatura. Ma quando anche l'elio termina, e lo fa 10 volte più rapidamente dell'idrogeno, allora la fine è inevitabile. Il nucleo spento collassa sotto il suo stesso peso, riducendosi alle dimensioni della Terra, mentre gli strati più esterni vengono espulsi come un poderoso vento, alla velocità di diverse centinaia di chilometri al secondo, nello spazio aperto.

Se potessimo vedere velocizzata questa fase, che dura qualche decina di migliaia di anni, potremmo ammirare strati via via sempre più profondi della vecchia stella evaporare nello spazio, fino a lasciare scoperto il nucleo densissimo e caldo. Siamo nella fase finale della vita di queste stelle. Il nucleo è diventato un tizzone ardente chiamato nana bianca, che emette luce solo perché è caldissimo. Gli strati esterni, invece, riscaldati dalla potente radiazione ultravioletta della nana bianca, emettono una meravigliosa luce che li accende come nebulose planetarie.

L'atto finale della vita di queste stelle, quella morte per noi tanto opprimente da diventare una continua ossessione, si trasforma nella spettacolare celebrazione della vita della stella che fu, che come ultimo gesto si rende visibile a migliaia di anni luce di distanza, arricchendo l'Universo con un turbinio di colori. È la celebrazione di una transizione; la stella rilascia nello spazio gran parte del materiale che aveva preso in prestito miliardi di anni prima per plasmare la propria, radiosa, esistenza. Quel materiale, ora, andrà a inseminare lo spazio interstellare e verrà utilizzato, miliardi di anni dopo, dalla successiva generazione di stelle.

La nana bianca centrale, invece, dalle dimensioni della Terra ma con una densità migliaia di miliardi di volte superiore, resterà per miliardi di anni a godersi lo spettacolo dell'Universo che evolve. Quando sarà abbastanza fredda, la materia di cui è fatta subirà un'altra trasformazione, per noi romantica e molto interessante. Quasi tutte le nane bianche sono formate per buona parte di carbonio e la pressione, a causa dell'enorme forza di gravità, è immensa: una condizione ideale per generare il diamante cosmico più grande, prezioso e allo stesso tempo irraggiungibile, dell'Universo.

Dopo decine, centinaia di miliardi di anni, nel Cosmo ci saranno migliaia di miliardi di diamanti grossi come pianeti, ma nessun essere umano che potrà ammirarli. È curioso come l'Universo generi continuamente enormi quantità di quelle che noi consideriamo pietre tanto preziose che per esse siamo disposti a muovere sanguinose guerre. Pietre preziose che però, per l'Universo, sono solo elementi come tutti gli altri, anzi, semplici prodotti di scarto delle reazioni nucleari di quelle stelle che altrimenti non avrebbero potuto accendersi. Per noi, e solo per noi, piccoli esseri senzienti, quelle pietre hanno un significato tanto importante e per molti versi assurdo. Forse sarebbe il caso di iniziare a comprendere quanto folli possano apparire, agli occhi dell'Universo, molte delle nostre più solide convinzioni.

Anche il Sole, tra circa 5 miliardi di anni, imboccherà il viale del tramonto, trasformandosi in una gigante rossa che fagociterà Mercurio, Venere e probabilmente la Terra. Tra 7-8 miliardi di anni, infine, si trasformerà in una nana bianca e genererà una splendida nebulosa planetaria, dai colori e dalle forme uniche. Osservando le foto seguenti, chiediamoci: a quale di queste somiglierà di più il fiore generato dal nostro Sole? Si accettano scommesse; bisogna solo capire chi si impegna a vivere tanto a lungo per decretare il vincitore.

* M76, piccola nebulosa planetaria in Perseo dalla forma a clessidra. Newton 250-1200, montatura EQ6, camera CCD a colori ST-2000XCM. Integrazione: 3 ore. 30 ottobre 2016.

* M27, nebulosa planetaria nella costellazione della Volpetta, circondata da un ampio e molto debole alone. Schmidt-Cassegrain 235-2350 utilizzato a f6.3, montatura EQ6, camera CCD a colori ST-2000XCM. Integrazione: 3 ore. Luglio 2015.

* NGC7293, (Helix), soprannominata anche occhio di Dio. Splendida nebulosa planetaria molto vicina alla Terra (650 anni luce) estesa per circa 3 anni luce, che ben testimonia la grandiosità di colori e forme di questi oggetti celesti. Una curiosità: la forma di questa e della successiva nebulosa ad anello (M57) non è in realtà ad anello ma frutto di un effetto di proiezione. Le loro reale forma è simile a quella di una bolla spessa. Per effetto dello schiacciamento dovuto alla mancanza di profondità della nostra visione, un guscio sferico appare sempre a forma di anello. Si può provare l'effetto osservando un bicchiere di fronte e notando come i bordi sembrino più densi del resto, ma è un'illusione e il vetro del bicchiere è spesso uguale per tutta la sua circonferenza.
Newton 250-1200, montatura EQ6, camera CCD a colori ST-2000XCM e mono ST-10XME. Integrazione: 8 ore. 8 agosto 2016, 28 luglio 2017.

* La splendida nebulosa ad anello M57 nella Lira, una bolla di gas in espansione dalla nana bianca centrale. Questa immagine è frutto della composizione di riprese fatte con diversi strumenti: Schmidt-Cassegrain 235-2350, 350-4000 e Newton 250-1200. Integrazione: 5 ore.

* Molte nebulose planetarie sono piccole e luminose, per questo mostrano i colori anche all'osservazione visuale. Questa è la nebulosa NGC7662, conosciuta anche come nebulosa palla di neve blu, nella costellazione di Andromeda. Schmidt-Cassegrain 235-2350, montatura EQ6, camera CCD mono ST-7XME. Integrazione: 1 ora. Novembre 2005.

La fine violenta delle stelle più massicce del Sole

Si può trovare poesia, meraviglia e la bellezza di centinaia di sfumature di colore nelle esplosioni più potenti dell'intero Universo? Non stiamo parlando delle nostre piccole bombe nucleari, sufficienti solo per distruggere quella folle specie che le ha ideate, ma di esplosioni vere, che disintegrerebbero un pianeta entro 100 anni luce e tutta la vita su di esso fino a migliaia di anni luce, per le più potenti. Esplosioni che durano mesi, la cui luce abbagliante è forte come quella di centinaia di miliardi di stelle, visibile fino a miliardi di anni luce di distanza, in pratica per buona parte dell'Universo osservabile.

Le stelle almeno 8 volte più massicce del Sole, che nelle foto appaiono di una forte tonalità azzurra, sono tra coloro che possono scatenare eventi tanto violenti da riverberare per tutto l'Universo. Quando l'idrogeno nei loro nuclei massicci termina, queste espandono all'inverosimile gli strati esterni diventando giganti rosse. Il nucleo, invece, collassa fino a raggiungere temperature in grado di bruciare l'elio, il carbonio, l'ossigeno, il neon e persino il silicio. A un miliardo di gradi centigradi, la fusione del silicio è tanto inefficiente che il carburante disponibile, equivalente a diverse volte l'intera massa del Sole, si esaurisce in appena una settimana, trasformandosi in ferro. A questo punto la stella è spacciata: la fusione del ferro non fornisce più energia e la forza di gravità, tanto paziente fino a quel momento, si prende la sua rivincita finale. Senza più energia, il nucleo collassa su sé stesso in caduta libera. Gli strati sovrastanti precipitano a velocità folli, dell'ordine di centinaia, se non migliaia, di chilometri al secondo e a un certo punto rimbalzano violentemente sul nucleo stesso. L'onda d'urto che si genera si propaga per tutta l'estensione della stella, scatenando un'esplosione chiamata supernova di tipo II. In pochi secondi viene liberata l'energia prodotta da centinaia di miliardi di stelle e l'esplosione, colossale, smembra letteralmente tutto ciò che si trova sopra il piccolo nucleo ferroso.

I pezzi di stella vengono scagliati nello spazio a decine di migliaia di chilometri al secondo, generando spettacolari onde di shock che creano tutti gli elementi della tavola periodica più pesanti del ferro: argento, oro, platino, rame. In una manciata di secondi, tutti i materiali per noi più preziosi vengono sintetizzati da queste esplosioni gigantesche. Ciò che resta della stella che fu è uno spettacolare resto di supernova, che brilla nel cielo anche per decine di migliaia di anni. Il nucleo collassato è invece diventato una stella di neutroni, un oggetto grande quanto una città, contenente la materia di 2-3 soli, talmente denso che un cucchiaio riportato sulla Terra peserebbe decine di migliaia di miliardi di tonnellate e bucherebbe il suolo come uno spillo arroventato trapassa un panetto di burro. Se la stella è molto massiccia, almeno 25 volte la massa del Sole, il nucleo collassa in un oggetto ancora più strano: un buco nero, uno sconosciuto stato della materia avvolto da una sfera completamente nera e impenetrabile, detta orizzonte degli eventi. Su quella superficie immaginaria la forza di gravità è tanto intensa che nemmeno la luce può più uscirne: ciò che sta dentro vi resterà per sempre e nessuno, da fuori, potrà mai osservarlo.

Ma non sono solo le stelle massicce a generare le grandi esplosioni, anzi. Le più grandi esplosioni termonucleari sono innescate da quegli oggetti chiamati nane bianche, quei tizzoni ardenti che se non fossero disturbati vivrebbero in pace la loro vita. Quando una nana bianca inizia a fagocitare grandi quantità di materia da una stella troppo vicina, a un certo punto innesca un violentissimo processo di fusione nucleare che si estende a tutta la struttura. Tutta la nana bianca esplode come la bomba termonucleare più potente della storia, lasciando nient'altro che lunghe scie di gas incandescente che vagano per migliaia di anni luce nell'Universo. Le supernovae di tipo Ia, così vengono chiamate, sono più abbondanti delle precedenti dovute al collasso del nucleo delle stelle massicce e anche queste generano splendide nebulose ricche di filamenti in rapido movimento, ricchi di sfumature dovute all'emissione degli atomi fortemente ionizzati.

Il quasi vuoto assoluto dello spazio impedisce di sentire il suono fragoroso di queste immani esplosioni, ed è un bene, perché sarebbe uno dei rumori più forti dell'Universo, capace di spaccare i timpani di questi fragili esseri umani anche a centinaia di anni luce di distanza. Ed è affascinante pensare che a questi cataclismi dobbiamo la nostra esistenza. Tutto quello che ci circonda e tutti gli atomi del nostro corpo, a eccezione dell'idrogeno, sono i prodotti di scarto di queste immense stelle, scagliati nello spazio dalla loro esplosione. Senza supernovae noi non saremmo esistiti. Noi siamo i loro figli.

*Veil nebula, 2015/07/23
Daniele Gasparri
TS INED 70 mm f6
Sbig ST-2000XCM camera
18X720 seconds
www.danielegasparri.com*

* La nebulosa Velo è un antico resto di supernova, generatosi migliaia di anni fa, che si espande su una vasta area di cielo nella costellazione del Cigno. Si divide in due porzioni, osservabili in queste due fotografie, entrambe ricchissime di sottili filamenti dovuti alla rapida espansione dei pezzi di stella espulsi, in interazione con il rarefatto mezzo interstellare. Rifrattore ED 70-420, montatura EQ3.2, camera CCD a colori ST-2000XCM. Integrazione di 2 ore per ciascuna foto. Luglio 2015.

* M1, nebulosa del Granchio. Ciò che resta di una stella esplosa nel 1054. Il gas si espande a migliaia di km al secondo. Nel centro è presente una stella di neutroni in rapidissima rotazione che emette grandi quantità di onde radio (pulsar). Newton 250-1200, montatura EQ6, camera CCD a colori ST-2000XCM e mono ST-10XME per informazione H-alpha. Integrazione: 7.1 ore. 29 novembre 2016, 20 ottobre 2017.

Oltre la Galassia

Tutti gli oggetti visti fino a questo momento, sebbene estremamente diversi quanto a forma, colori e proprietà, hanno una cosa in comune: appartengono alla Via Lattea, alla nostra galassia.

Fino a 100 anni fa si pensava che la Via Lattea fosse l'unica galassia dell'Universo. Questa affermazione ora ci fa sorridere e ci fa pensare, in un modo un po' irriverente, a quanto fossero primitive le nostre conoscenze astronomiche e a quanto ingenui fossero gli astronomi del passato. Però, a pensarci bene, questa è un'analisi piuttosto superficiale, che di certo non rende giustizia al grandioso percorso di conoscenza dell'Universo compiuto in questi ultimi tre secoli.

Oggi sappiamo che di galassie nell'Universo ce ne sono migliaia di miliardi e alcune sono decine di volte più estese della Via Lattea. Quello che però oggi diamo per scontato è sempre il frutto di un lavoro di conoscenza della realtà perpetrato per decenni, se non secoli. Un lavoro di conoscenza che per essere validato a realtà oggettiva ha bisogno di prove tangibili, ripetibili, inattaccabili.

Mettiamoci allora nei panni degli astronomi di 100 anni fa, per capire quanto debba essere stato duro, dal punto di vista pratico e anche psicologico, provare che l'Universo fosse pieno di galassie e che quindi dovesse avere un'estensione milioni di volte maggiore di quanto si credesse.

Cento anni fa non esistevano computer, e men che meno le efficienti camere digitali con cui stiamo scorrazzando in lungo e in largo da ben 77 pagine. I più grandi telescopi erano 5 volte meno potenti di quelli attuali e non esistevano neanche le pellicole a colori. Quelle in bianco e nero, poi, avevano una sensibilità centinaia di volte inferiore rispetto al sensore di una reflex digitale. Tutti gli oggetti del cielo, quindi, apparivano in bianco e nero e relativamente poveri di dettagli. Tra una nebulosa appartenente alla Via Lattea e una lontana galassia non c'erano evidenti differenze di forma e dettagli, perché tutte erano di aspetto diffuso. Solo gli spettri fornivano degli indizi circa ipotetiche differenze e lo spunto per andare più a fondo della questione.

Le nebulose presenti lungo il disco della Via Lattea mostravano emissione a righe ben definite, mentre quelle concentrate nella porzione meno densa avevano uno spettro simile a quello di una stella, con una forma dolce che si estendeva per tutto l'intervallo di frequenze visibili. La domanda che dobbiamo porci ora è: chi di noi, oggi, avrebbe il coraggio, sulla base di questi pochi indizi, di affermare che quelle nebulose dallo spettro simile a quello delle stelle, siano costituite da centinaia di miliardi di stelle e distanti milioni di anni luce?

Avere un'opinione è del tutto legittimo e in effetti gli astronomi dei primi anni del ventesimo secolo si dividevano tra chi pensava che quegli oggetti diffusi fossero altre galassie e chi, invece, sospettava si trattasse di un diverso tipo di nebulosa. Questa seconda idea non è poi così improvvisata, poiché abbiamo visto come gli ammassi stellari si dividano in ammassi aperti, lungo la Via Lattea, e globulari, nell'alone, con caratteristiche molto diverse. Se avere un'opinione è quindi legittimo, è fondamentale rendersi conto del fatto che, senza prove, nessuna opinione può essere elevata a realtà.

Per dirimere la questione c'era solo un modo: fotografare le eventuali stelle all'interno di questi oggetti e misurarne la distanza. Se fosse risultata molto più grande dell'estensione della Via Lattea, allora si stava osservando un oggetto extragalattico. Con i rudimentali mezzi dell'epoca, però, mettere in pratica questa idea sarebbe stata l'impresa più complessa di sempre.

Dopo decenni di studi, di progressi tecnici, di perseveranza e pazienza, nella prima metà degli anni '20 del '900 un astronomo, Edwin Hubble, riuscì a ottenere il sagro Graal dell'astronomia di quel periodo. Grazie al telescopio più grande del mondo e lunghissime esposizioni fotografiche guidate manualmente, Hubble riuscì a fotografare una manciata di debolissime stelle nella nebulosa di Andromeda. Alcune di queste risultarono essere delle variabili Cefeidi, ideali per la determinazione delle distanze. La nebulosa di Andromeda era distante più di un milione di anni luce ed estesa per centinaia di migliaia. Hubble aveva provato, una volta per tutte, che l'Universo era pieno di Galassie. E ora, a quasi 100 anni di distanza, fa un po' sorridere come milioni di stelle della galassia di Andromeda siano facile preda di piccoli telescopi equipaggiati con macchine fotografiche da poche centinaia di euro. Benvenuti nel futuro.

* La grande galassia di Andromeda (M31), la più vicina alla Via Lattea, estesa per oltre 200 mila anni luce e contenente più di 500 miliardi di stelle. Questa immagine, ottenuta con un telescopio da appena 70 mm, mostra dettagli più profondi della storica foto in cui Hubble, con un telescopio da 2.5 metri di diametro, individuò le variabili Cefeidi. Grazie all'integrazione del segnale nella banda H-alpha si possono notare anche le migliaia di nebulose sparse lungo il suo disco. Distanza: 2.54 milioni di anni luce. Rifrattore ED 70-420, montatura EQ3.2, camera CCD a colori ST-2000XCM. Integrazione: 6 ore. 3 ottobre 2016.

* All'interno della galassia di Andromeda. Milioni di stelle sono ora facilmente risolvibili con piccoli telescopi e le moderne fotocamere per applicazioni astronomiche. Se gli astronomi di un secolo fa avessero avuto a disposizione queste fotografie, non avrebbero avuto alcun dubbio sulla natura di quelle misteriose nebulose. Le stelle brillanti appartengono alla Via Lattea, mentre quelle più deboli, presenti ovunque nel campo, ad Andromeda, a 2.5 milioni di anni luce di distanza. Di conseguenza, ci appaiono come erano 2.5 milioni di anni fa, quando sulla Terra gli antenati dell'Homo Sapiens combattevano per la sopravvivenza nella savana africana. Newton 250-1200, montatura EQ6, camera CCD a colori ST-2000XCM e mono ST-10XME. Integrazione: 8 ore. 4 agosto 2016, 28 luglio 2017.

* Con l'esperienza si migliora. Visione d'insieme della galassia di Andromeda, ottenuta con un Newton 130-650 e camera CCD monocromatica scientifica ST-10XME. Mosaico di due immagini. Integrazione: 7.6 ore. Si confronti il risultato ottenuto con l'immagine di pagina 78 . 13-14 ottobre 2017.

* Stelle, ammassi e nebulose risolti nella galassia M33, nel Triangolo. Distanza: 2,9 milioni di anni luce. Le stelle visibili in questa immagine sono oltre 2 milioni di volte più deboli di quelle che si vedono a occhio nudo. Ecco quanto in profondità possiamo spingerci con un piccolo telescopio nell'era digitale.
Newton 250-1200, montatura EQ6, camera CCD a colori ST-2000XCM. Integrazione: 9,4 ore. 26-27-28 agosto 2016.

* La Grande Nube di Magellano, galassia satellite visibile solo dall'emisfero sud. Distanza: 157 mila anni luce. Obiettivo 85 mm f1.2, montatura EQ2, Canon 450D. Integrazione: 44 minuti. Chillagoe, Australia, 9 novembre 2012.

* La Piccola Nube di Magellano è un'altra luminosa galassia satellite, visibile solo dall'emisfero sud. In basso si osserva l'ammasso globulare 47 Tucanae. Obiettivo 85 mm f1.2, montatura EQ2, Canon 450D. Integrazione: 33 minuti. Mareeba, Australia, 8 novembre 2012.

* Visione d'insieme di M33, ottenuta con un telescopio di diametro inferiore rispetto all'immagine di pagina 80. Newton 130-650, montatura EQ6, camera CCD mono ST-10XME. Integrazione: 5.75 ore. 18 ottobre 2017.

Le grandiose opere d'arte della Natura

In meno di 100 anni gli astronomi hanno osservato e classificato milioni di galassie. Molte di queste sono troppo lontane per essere fotografate con piccoli telescopi ma, entro una sfera dal raggio di qualche centinaio di milioni di anni luce, possiamo catturare la luce di decine di migliaia di maestose isole di stelle, ognuna diversa dalle altre, ognuna con una combinazione di colori unici.

Benché differenti le une dalle altre, gli astronomi hanno classificato tutte le galassie dell'Universo in tre grandi gruppi: ellittiche, spirali e irregolari. Già il nome suggerisce molto sulla loro forma, ma quello che ancora non sappiamo è che questa determina anche il colore dominante, che a sua volta può darci preziosissimi indizi sulle loro proprietà. Andiamo quindi con calma, aiutandoci con le fotografie delle pagine successive.

Le galassie ellittiche sono circa il 20-25% dell'intera popolazione e hanno forma circa sferica o ellittica. Queste non conoscono mezze misure. Sono infatti ellittiche le galassie più grandi che conosciamo, come IC 1101, il mostro per eccellenza: estesa per 4 milioni di anni luce e contenente qualcosa come 100 mila miliardi di stelle, è talmente grande che la distanza tra Andromeda e la Via Lattea sarebbe circa uguale al raggio del suo asse maggiore! Ma sono ellittiche anche le galassie più piccole che forma l'Universo. Queste sono chiamate ellittiche nane, sono a volte satelliti di grandi galassie, in genere a spirale, e contengono appena qualche miliardo di stelle. Nel mezzo, le leggi della fisica sembrano preferire l'atra classe: le galassie a spirale.

Quando mi capita di parlare di galassie a spirale, il mio lato scientifico viene inesorabilmente travolto da quello emozionale. Rapito anima e corpo, come in un'infinita cotta adolescenziale, mi soffermo nell'ammirare quei perfetti bracci a spirale che somigliano al tratto preciso del più talentuoso dei pittori. Quando la mia mente percepisce la consapevolezza di quello che sto osservando, lo stomaco si riempie di farfalle e brividi di felicità iniziano a percorrere il mio corpo.

Forse sarò di parte, ma per me non c'è dubbio: se vogliamo perderci per i meandri dell'Universo e stupirci degli spazi sterminati, delle incredibili dimensioni e dell'inarrivabile eleganza delle leggi della fisica che governano tutto questo, le galassie a spirale sono linfa vitale per il nostro essere.

Queste isole di stelle hanno una straordinaria doppia faccia. Quando sono viste dall'alto, mostrano delle perfette spirali, mentre quando le vediamo di profilo, i bracci scompaiono, lasciando posto a una figura affusolata, rigonfia al centro e tagliata a metà da un'impenetrabile striscia di polveri.

Quei bracci a spirale tanto perfetti sono mastodontiche onde di densità, in pratica delle immani onde sonore, con una lunghezza d'onda di migliaia di anni luce, che le nostre orecchie non potranno mai udire. Percorrono il disco sottile increspandolo come un sasso gettato in un calmo specchio d'acqua.

La Natura ama i piani ben riusciti, quindi per le galassie a spirale accade qualcosa di simile a quello che succede al nostro piccolo stagno. Il fatto straordinario è che siamo su scale di centinaia di migliaia di anni luce e noi, da osservatori esterni, diventiamo minuscole molecole che fanno parte del gioco. Il passaggio delle onde di densità galattiche ha la potenza di raggruppare gas, stelle, pianeti e ammassi stellari, rendendo visibile il braccio a spirale. L'aumento di densità che ne consegue, dell'ordine del 20%, è sufficiente a innescare quei processi di formazione stellare continuativi per miliardi di anni che caratterizzano queste spettacolari isole di stelle. Non è un caso che le luminose stelle blu si trovino sempre sui bracci. Anche il Sistema Solare, nel suo percorso attorno al centro che si compie in poco più di 200 milioni di anni, ha surfato più volte queste onde e, probabilmente, proprio una di queste ha innescato la contrazione dell'antica nube dalla quale si è originato, 4.6 miliardi di anni fa.

A chiudere il quadro, per coloro che preferiscono le forme più astratte, c'è un 3-4% di galassie dette irregolari, la cui esistenza, per qualche motivo che tra poco vedremo, viene sconvolta regalandoci schizzi di accesi colori, che rendono imprevedibile il nostro viaggio tra le grandi meraviglie dell'Universo. Le galassie irregolari sono la prova che sebbene le distanze siano immense, con milioni di anni luce tra un'isola e un'altra, la forza di gravità e il tempo a disposizione sono sufficienti per creare situazioni in cui poter osservare l'Universo nel suo momento di massima creatività, quando attraverso le poche leggi fisiche decide di arricchire il suo immenso spazio con un'altra, inestimabile e originale, opera d'arte.

* M101, meravigliosa galassia a spirale nell'Orsa Maggiore. Distanza: 19 milioni di anni luce. Newton 250-1200, montatura EQ6, camera CCD mono ST-10XME (per luminanza e H-alpha) e a colori ST-2000XCM. Integrazione: 8 ore. Maggio 2017.

* M109, galassia a spirale barrata nell'Orsa Maggiore, simile per forma alla Via Lattea. Notare la diversa inclinazione rispetto alla precedente M101. Distanza: 55 milioni di anni luce.
Newton 250-1200, montatura EQ6, camera CCD mono ST-10XME. Integrazione: 4,3 ore. 23 maggio 2017.

* NGC4565, galassia a spirale vista di profilo nella costellazione della Chioma di Berenice. E' difficile immaginare che appartiene allo stesso tipo delle due immagini precedenti. Le galassie a spirale sono tutte dei dischi sottili. Se visti di profilo sembrano dei giganteschi dischi volanti. Da notare, inoltre, la somiglianza con la regione della Via Lattea estiva. Distanza: 50 milioni di anni luce. Newton 250-1200, montatura EQ6, camera CCD mono ST-10XME. Integrazione: 4.5 ore. 25 maggio 2017.

* Le galassie NGC4631 (in basso) e NGC4656 (in alto), nei Cani da Caccia, classificate tra la classe delle spirali e quella delle irregolari. Distanza: 12 milioni di anni luce. Newton 130-650, montatura EQ5, camera CCD a colori ST-2000XCM. Integrazione: 6.2 ore. 29 aprile 2017.

* M86, a sinistra, e M84, a destra, galassie ellittiche contenenti migliaia di miliardi di stelle ciascuna, nella costellazione della Vergine. Newton 130-650, montatura EQ5, camera CCD a colori ST-2000XCM. Integrazione: 5 ore. Maggio 2017.

* M81, luminosa galassia a spirale nell'Orsa Maggiore, detta anche galassia di Bode. Si possono notare gas e polveri presenti lungo la linea di vista e appartenenti alla Via Lattea, in particolare al complesso sistema detto Integrated Flux Nebula. I "baffi" verso sinistra sulle stelle brillanti sono un difetto dei sensori digitali scientifici, detto blooming: un piccolo prezzo da pagare per avere una grande sensibilità. Distanza: 11,7 milioni di anni luce.
Newton 250-1200, montatura EQ6, camera CCD a colori ST-2000XCM e mono ST-10XME. Integrazione: 9.2 ore. 30 dicembre 2016, 18 ottobre 2017.

* NGC 891, galassia a spirale vista di profilo nella costellazione di Andromeda. Distanza: 39 milioni di anni luce. Le bande oscure lungo il disco somigliano a quelle che attraversano la Via Lattea estiva. Newton 250-1200, montatura EQ6, camera CCD a colori ST-2000XCM e mono ST-10XME. Integrazione: 9 ore. 31 ottobre 2016, 17 ottobre 2017.

* NGC4244, galassia a spirale vista di profilo nella costellazione del Drago, caratterizzata da un nucleo poco brillante. Distanza: 16 milioni di anni luce. Newton 250-1200, montatura EQ6, camera CCD mono ST-10XME. Integrazione: 5.1 ore. 26 maggio 2017

Il colore delle galassie

Al contrario delle nebulose, le cui tonalità principali si assomigliano molto perché determinate spesso dalle transizioni elettroniche dell'atomo di idrogeno, le galassie sono un calderone contenente una straordinaria varietà di corpi celesti. Stelle, ammassi stellari, nebulose diffuse, polveri, resti di supernovae e nebulose planetarie; ognuno di questi ingredienti contribuisce in modo unico a determinarne il colore e a dipingere una tela che rappresenta la massima espressione di questo enorme museo chiamato Universo.

Osserviamo con più attenzione le foto precedenti e diamo un'occhiata anche alle seguenti, non più come spettatori passivi che subiscono il fascino della bellezza, ma come protagonisti attivi del processo di conoscenza; è così che ci si guadagna la felicità.

La prima domanda che dobbiamo porci riguarda il confronto tra le due fotografie di pagina 86, ovvero tra le due galassie a spirale/irregolari NGC4631-4656 e la coppia di ellittiche M84-86. Quando si parla di galassie, non troveremo mai due foto tanto diverse quanto a forma e contrasti. Sembra di osservare addirittura oggetti completamente diversi tra di loro!

Con le nozioni apprese molte pagine addietro, cerchiamo di capire il motivo di questa differenza di colori. Le due spirali/irregolari sopra hanno come colore dominante il blu. Questo è determinato, per forza di cose, da una cospicua quantità di stelle blu. Queste stelle sappiamo essere molto luminose, massicce e dalla vita breve. Potremmo essere portati ad affermare che queste galassie siano allora giovani, ma non è necessariamente così. Quello che possiamo affermare, senza dubbio, è che in queste due galassie sono attivi processi di formazione stellare che generano continuamente nuove stelle. Tra le nuove generazioni basta che si crei l'1% di stelle azzurre molto massicce e, data la loro enorme luminosità, queste determinano la tonalità globale della galassia.

L'altra foto che mostra le ellittiche, invece, ha un'unica tonalità: giallo pallido. Per quanto si possa osservare, nel nucleo come in periferia, questi oggetti sono piuttosto uniformi e privi di altre sfumature di colore. Questo significa che nelle galassie ellittiche la formazione di nuove stelle è interrotta da diversi miliardi di anni. La popolazione globale sta invecchiando e mano a mano che il tempo passa diventa sempre più rossa, perché le stelle con maggiori temperature sono quelle che terminano la loro vita per prime. Anche in questa situazione, quindi, come accaduto per gli ammassi stellari della Via Lattea, il colore globale ci dà importantissime informazioni sull'età e le proprietà delle stelle delle galassie e non c'è dubbio che le ellittiche di grandi dimensioni siano da considerare dei fossili dell'Universo, proprio come i più piccoli ammassi globulari.

Per quanto riguarda le spirali e le irregolari, la situazione è molto più... esplosiva!

Osserviamo meglio la galassia Balena, di cui vediamo una versione a maggiore risoluzione a pagina 92. In questa i colori sono ben separati e ci possiamo immergere in un mondo straordinariamente variegato. Le grandi zone di formazione stellare sono concentrate in periferia. Si osservano decine di punti rosati, nient'altro che le nostre, familiari, nebulose a emissione. Si vedono molto bene grandi concentrazioni di stelle blu, tanto luminose da essere risolte alla distanza di oltre 10 milioni di anni luce; sono immensi ammassi aperti, giovanissimi. Infine, come una rete che interrompe la monotonia del blu, zone ricche di polveri riempiono ogni piccola fessura, fino a sovrapporsi al centro, quel bulge denso e vecchio che caratterizza tutte le galassie di questo tipo.

Se osservate dall'alto, le galassie a spirale mostrano evidenti i segni di una continua evoluzione. Se le ellittiche possono essere considerate una triste casa di riposo, dove le stelle più vecchie aspettano passivamente la fine della propria esistenza, le spirali sono delle giovani e attive città, piene di vita ed energia.

Se poi diamo un'occhiata ad alcune irregolari, come M82 qui sotto, queste sono tanto esuberanti da mostrare a mezzo Universo l'esplosività della giovinezza. Quegli immensi sbuffi rossi sono l'impronta inequivocabile di enormi quantità di idrogeno caldo. La forma a filamento tipica dei resti di supernova (si veda ad esempio la foto della Crab Nebula) suggerisce proprio quello che pensiamo: stiamo osservando un resto di supernova di dimensioni galattiche, a cui contribuiscono milioni di giovanissime stelle, continuamente create da questa attiva nursery cosmica.

* M82, galassia irregolare nell'Orsa Maggiore, estremamente blu e con un enorme getto di gas in uscita dal nucleo. Newton 250-1200, montatura EQ6, camera CCD mono ST-10XME. Integrazione: 6 ore. 19 ottobre 2017.

* NGC6946, galassia a spirale nella costellazione del Cefeo, sopranominata Fireworks (fuochi d'artificio) perché presenta un'alta frequenza di supernovae. Distanza: 10 milioni di anni luce. Newton 250-1200, montatura EQ6, camere CCD ST-10XME e ST-2000XCM. Integrazione: 9 ore. 12 agosto 2015, 22-24 giugno 2017.

* M63 galassia a spirale con un alone stellare esteso per migliaia di anni luce. Distanza: 37 milioni di anni luce. Newton 250-1200, montatura EQ6, camera CCD a colori ST-2000XCM. Integrazione: 2.2 ore. 17 aprile 2017.

* M64, galassia a spirale detta "occhio nero", nella Chioma di Berenice. Distanza: 24 milioni di anni luce. Newton 250-1200, montatura EQ6, camera CCD mono ST-10XME. Integrazione: 3.1 ore. 17 maggio 2017.

* NGC4631, detta galassia Balena, una spirale vista di profilo nei Cani da Caccia. Distanza: 12 milioni di anni luce. Newton 250-1200, montatura EQ6, camera CCD mono ST-10XME. Integrazione: 5,3 ore. 7-27 maggio 2017.

I misteriosi ingredienti delle galassie

Si vede che all'autore piacciono le galassie; probabilmente stiamo per fare indigestione! Prima di arrivare alla saturazione, perché di galassie ne dobbiamo vedere ancora molte, ne approfitto per creare un diversivo con qualche parola. In realtà è una puerile scusa per svelare altre straordinarie caratteristiche delle galassie e portare quindi acqua al mio mulino.

Le stelle, lo abbiamo capito, amano inondare l'Universo con la loro potente luce. Non lo fanno con consapevolezza, certo; seguono semplicemente quelle regole fisiche che affermano che se vogliono combattere contro la forza di gravità devono produrre una spropositata quantità di energia.

Proprio come nella vita reale, allora, non dobbiamo farci ingannare dall'apparenza, meglio, dall'appariscenza. Le stelle blu delle più attive galassie a spirale, ad esempio, rappresentano una piccola frazione dell'intera popolazione stellare, appena l'1% nel migliore dei casi. Eppure, ne bastano così poche per dominare in luminosità e colore su tutte le altre che sono, in media, milioni di volte meno luminose. Quando osserviamo una galassia dal forte colore blu, quindi, non facciamo l'errore di pensare che sia dominata da stelle blu, solo perché queste sono appariscenti e cercano di distorcere la realtà nascosta sotto la loro luce.

Allo stesso modo, allargando il discorso, siamo sicuri che le stelle rappresentino la popolazione più numerosa delle galassie, quella che di fatto contribuisce a gran parte della materia? La risposta è negativa. Gas e polveri, soprattutto nella fase fredda, possono superare, in quantità, le stelle, soprattutto nelle galassie più attive, come ad esempio M82. Abbiamo quindi imparato un'importante lezione di vita: l'appariscenza non determina la realtà, piuttosto la distorce.

La situazione, tuttavia, è ancora più seria di quanto esposto, a tal punto che stiamo per arrivare al più grande problema irrisolto dell'astrofisica degli ultimi 40 anni.

Considerando la massa delle appariscenti stelle, dei probabili pianeti (di fatto trascurabili in massa), persino delle generazioni stellari ormai estinte, delle polveri, dei gas caldi, dei gas freddi e persino di un immenso alone rarefattissimo che circonda molte galassie con una temperatura superiore ai 10 milioni di gradi; bene, considerando quindi tutta la materia che emette radiazione elettromagnetica in qualche parte dello spettro, arriviamo al massimo a formare il 10% della massa di una galassia, ogni galassia dell'Universo, compresa la nostra che dovremmo ormai conoscere come le nostre tasche.

Se la materia che compone le galassie è quella che i nostri strumenti riescono a rivelare, queste non dovrebbero nemmeno esistere, perché le stelle si muoverebbero troppo velocemente attorno al centro, tanto da abbandonarle in pochi milioni di anni. Se le galassie esistono, e ce ne sono circa 2 mila miliardi nell'Universo osservabile, ci sfugge circa il 90% della materia di cui sono fatte. Gli astronomi del passato l'hanno chiamata materia oscura e nessuno, ancora, sa di cosa sia fatta. Questa materia ha la stranissima proprietà di produrre forza di gravità, misurabile con precisione, ma di non interagire con la materia normale e non emettere radiazione elettromagnetica percepibile.

Ci siamo schiantati contro un muro che nessuno sa come aggirare, delle altissime colonne d'ercole che non sappiamo ancora se riusciremo ad attraversare lungo la strada già tracciata dalla fisica che conosciamo, o se dovremo addirittura tornare indietro sui nostri passi e cercare una strada alternativa per aggirarle.

La materia oscura è fatta di particelle che ancora non abbiamo scoperto, quindi rappresenta il naturale passo evolutivo del nostro percorso di conoscenza, oppure è il crudele indizio con cui l'Universo ci sta comunicando che qualcosa della fisica che conosciamo è profondamente sbagliato? Gli astronomi le hanno pensate tutte nel corso dei lustri, ma nessuna ipotesi si è trasformata in una teoria provata. Hanno provato a cercare particelle esotiche nei più potenti acceleratori terrestri, o a rivoluzionare la legge di gravitazione universale, rendendo superflua l'esistenza della materia oscura. Nel primo caso queste particelle non sono state trovate con certezza, mentre il tentativo di rivoluzionare la legge di gravitazione universale porta a un Universo che senza la materia oscura non funziona più e sarebbe dovuto estinguersi pochi secondi dopo il suo inizio. Comunque la si metta, il problema è enorme e probabilmente la sua soluzione rivoluzionerà la nostra conoscenza dell'Universo e delle leggi che lo regolano.

* La splendida galassia a spirale NGC253, una delle più vicine alla Terra. Distanza: 11,4 milioni di anni luce. Ora sappiamo che tutta la materia che vediamo, dalle stelle al gas, alle oscure polveri, rappresenta appena il 10% della massa di questa e delle altre galassie. Di cosa sia fatto il restante 90% è un mistero ancora irrisolto.
Newton 250-1200, montatura EQ6, camera CCD a colori ST-2000XCM. Integrazione: 4,2 ore. 1 settembre 2016.

* La galassia a spirale M94 e il suo enorme alone stellare, nei Cani da Caccia. Distanza: 16 milioni di anni luce. Newton 250-1200, montatura EQ6, camera CCD mono ST-10XME. Integrazione: 4,7 ore. 22 maggio 2017.

* M106, galassia a spirare nella costellazione dei Cani da Caccia. Distanza: 23 milioni di anni luce. Newton 250-1200, montatura EQ6, camera CCD mono ST-10XME. Integrazione: 5,6 ore. 21 maggio 2017.

* NGC4725 e 4712 (a sinistra) due galassie a spirale nella Chioma di Berenice. Distanza: 40 e 200 milioni di anni luce. Newton 250-1200, montatura EQ6, camera CCD mono ST-10XME. Integrazione: 4,6 ore. 28 maggio 2017.

* M104, detta galassia sombrero, è una spirale nella costellazione della Vergine. Distanza: 29,5 milioni di anni luce. Newton 250-1200, montatura EQ6, camera CCD mono ST-10XME. Integrazione: 3 ore. Maggio 2017.

Le galassie amano(?) stare insieme

Adesso interroghiamo!

Bene, ora che ho attirato di nuovo l'attenzione, vediamo se sono state osservare con sufficiente dettaglio le fotografie precedenti. Prima di procedere lascio qualche secondo di tempo per correre ai ripari e riguardare le immagini, scrivendo questa frase.

Abbiamo visto molte galassie e fino a questo momento ci siamo concentrati su di loro, senza considerare l'ambiente nel quale sono immerse. Eppure, dalle foto precedenti si vede che una discreta quantità di galassie non sembra essere isolata nel nulla più assoluto. Al di là delle stelle nel campo, appartenenti alla Via Lattea, molte galassie si trovano in compagnia. Alcune di queste sembrano vicine solo in apparenza, come in effetti succede alla coppia NGC4725 e 4712 della pagina precedente, ma non può essere così per tutte. In effetti abbiamo ragione.

Di nuovo, l'Universo ama i piani ben riusciti, quindi se le stelle formano sistemi multipli, o veri e propri ammassi stellari costituiti da centinaia, migliaia di componenti, cosa impedisce alle galassie di seguire un comportamento simile? Perché la Natura avrebbe dovuto plasmare delle regole speciali a seconda degli abitanti dello spazio? Ovvero, perché l'Universo avrebbe dovuto fare delle leggi razziali? Quelle spettano solo a una stupida specie, che si spera abbia almeno imparato dalle sue follie. L'Universo, nella sua inconsapevole saggezza, è di certo molto più avanti di noi piccoli esseri autodefiniti intelligenti (mica sempre!) e ha capito, fin dalla sua nascita, che fare leggi diverse per classi differenti di oggetti sarebbe stata la ricetta perfetta per un'istantanea autodistruzione. Quanto abbiamo da imparare dall'Universo! Le galassie, quindi, possono stare insieme, in modo pacifico o turbolento e, su questo, sono più somiglianti agli esseri umani che ai pacati ammassi stellari, dove tutto sommato la convivenza, sebbene a volte difficile, non è esplosiva.

Le galassie possono avere dei satelliti, come i pianeti del Sistema Solare. Non bisogna andare tanto lontano per scoprirlo: la Via Lattea ne ha più di trenta, di cui le nubi di Magellano sono i più evidenti. Anche Andromeda ha due evidenti satelliti e molti altri meno luminosi.

Allargando il nostro sguardo a milioni di anni luce, possiamo osservare come un numero non indifferente di galassie appartenga a dei gruppi gravitazionalmente legati, proprio come le stelle degli ammassi aperti. Si chiamano, non a caso, ammassi di galassie e sono gli agglomerati più grandi dell'Universo. In una sfera dal raggio di qualche decina di milioni di anni luce, mastodontiche galassie fluttuano nel vuoto su orbite caotiche, interagendo le une con le altre e spostandosi a velocità di migliaia di chilometri al secondo rispetto al centro dell'ammasso. Se potessimo vedere il film velocizzato della danza delle galassie in un normale ammasso, sembrerebbe di assistere al caotico movimento di uno sciame d'api attorno alla regina centrale, rappresentata di solito da una galassia ellittica gigante con la massa di 1000 e più miliardi di stelle.

Nonostante le distanze immense, la forza di gravità prodotta è tanto forte che le galassie completamente isolate dell'Universo sono una percentuale piccola. E non di rado succede che due galassie entrino in collisione, anzi, si pensa che questo sia il meccanismo più efficiente per la loro evoluzione.

Cosa c'è di più catastrofico dello scontro tra due galassie? Forse solo la convinzione con cui troppo superficialmente giudichiamo gli eventi (e le persone) che ci circondano. Lo scontro tra galassie, infatti, non è un evento apocalittico come si possa immaginare, e il motivo è semplice. Le stelle in media hanno diametri dell'ordine del milione di chilometri; la loro distanza media è dell'ordine di qualche anno luce, ovvero decine di migliaia di miliardi di chilometri. Di fatto le stelle occupano una frazione piccolissima del volume di una galassia. Se costruissimo un modello in scala e le stelle fossero monete di due euro, la loro separazione media dovrebbe essere superiore a 1000 km. E cosa succede se facciamo incontrare due modellini tanto rarefatti? Che lo scontro tra stelle sarà un evento rarissimo. La collisione tra due galassie, quindi, non è esplosiva come si pensa, ma assomiglia a una soave danza di due banchi di nebbia che generano le forme più eleganti dell'Universo. Modellate dalla forza di gravità, le mastodontiche stelle diventano piccole come le molecole di un gas mosso dal vento e regalano a noi fortunati spettatori il privilegio di osservare l'Universo nel suo momento più intimo, mentre plasma sé stesso.

* M51, galassia a spirale in interazione con la piccola NGC5195. Distanza: 23 milioni di anni luce.
Newton 250-1200, montatura EQ6, camera CCD mono ST-10XME. Integrazione: 4.8 ore. 17 maggio 2017.

* Porzione centrale dell'ammasso di galassie della Vergine, formato da 1500 galassie. Distanza: 60 milioni di anni luce. Newton 130-650, montatura EQ5, camera CCD a colori ST-2000XCM. Integrazione: 5 ore. Maggio 2017.

* NGC7331 e la sua corte di piccole galassie satelliti, nella costellazione di Pegaso. Distanza: 45 milioni di anni luce. Newton 250-1200, montatura iOptron iEQ45, camera CCD a colori ST-2000XCM. Integrazione: 4,8 ore. 31 luglio 2016.

* Le galassie con le Antenne, a sinistra, e la galassia di Hoag, a destra, sono tra gli oggetti più strani dell'Universo. Le galassie con le antenne sono una coppia di spirali che si sta fondendo, colte in un romantico abbraccio che ha creato lunghe code mareali formate da miliardi di stelle giovani. La galassia di Hoag è invece una ellittica, dal colore giallo caratteristico, dotata di un magnifico anello azzurro, quindi popolato da stelle giovani. Si pensa che l'origine di questa insolita formazione sia stata causata da una galassia di minori che ha trafitto, come un proiettile, l'ellittica originale, sconvolgendo a livello gravitazionale l'intera struttura. Schmidt-Cassegrain 235-2300 utilizzato a f6.3, camera CCD mono ST-7XME. Integrazione: 4 ore per le antenne e 9 ore per la galassia di Hoag.

* Abell 2151, ammasso di galassie in Ercole, formato da 129 galassie. Distanza: un miliardo di anni luce. Stiamo osservando la luce inviataci da queste galassie un miliardo di anni fa. Questo è il degno capolinea di uno straordinario viaggio, che non può che concludersi con una domanda: di che colore è l'Universo? La risposta è molto complessa e sarà data in altri miei libri. Per ora limitiamoci a osservare queste galassie e a notare come tutte abbiano un colore tendente al giallo. Alcune ellittiche sembrano addirittura rosse. Questo è l'effetto dell'espansione dell'Universo, che sposta verso il rosso la luce di tutte le galassie, tanto più quanto maggiore è la loro distanza da noi. Tutto l'enorme spazio nel quale viviamo si sta espandendo. E se si espande è lecito chiedersi come fosse miliardi di anni fa.
Newton 250-1200, montatura EQ6, camera CCD mono ST-10XME. Integrazione: 7 ore. Luglio 2017.

Fotografare ammassi, nebulose e galassie

Fino a questo momento abbiamo visto le fotografie astronomiche più semplici, ma adesso le cose si fanno serie. Sebbene nebulose e galassie siano spettacolari, fare buone fotografie è di una difficoltà estrema. Gran parte delle immagini di questi due capitoli è stata ottenuta nel biennio 2015-2017, sebbene il mio approccio con la fotografia a lunga esposizione risalga al 1998. Cosa ho fatto nel frattempo? Ho accumulato migliaia di fallimenti. Decine di rullini fotografici talmente brutti che era lo stesso laboratorio fotografico a buttarli al posto mio e decine di GB di dati spostati nel cestino virtuale, una volta che la fotografia digitale ha salvato la mia famiglia da una catastrofica bancarotta.

Per fare fotografie a lunga posa attraverso il telescopio, sono necessari:

- Montatura rigorosamente equatoriale, dotata di sistema di puntamento GOTO, molto robusta. Nella pratica, come si è visto dalle foto, quasi tutte sono state ottenute con una montatura EQ5, per i telescopi più piccoli, e una EQ6, dal peso di 18 kg, per gli strumenti più grandi. C'è stata qualche comparsa di montature leggere, come la EQ3.2, o in apparenza solide, come la iOptron iEQ45, ma se con queste ho fatto una manciata di foto e poi sono sparite dalla memoria di questo libro, qualche domanda bisogna farsela;

- Telescopio di buona qualità ottica e molto luminoso. Al bando i rifrattori acromatici, perché presentano troppe aberrazioni, ma anche i Maksutov e, in parte, gli Schmidt-Cassegrain, troppo poco luminosi. Se si vogliono fare foto a campo medio, di ammassi e nebulose, ci si orienta su un piccolo rifrattore semiapocromatico (ED) da 70-80 mm, leggero e facile da gestire. Se si vuole osare e fotografare lontane galassie, serve diametro, perché all'aumentare di questo si incrementa la quantità di luce raccolta. Lo strumento per eccellenza, anche se molti storceranno il naso, è un telescopio Newtoniano da 20 o 25 cm di diametro. La loro luminosità e i contrasti sono inarrivabili da qualsiasi configurazione ottica, anche dai Ritchey-Chrétien, che ora vanno tanto di moda ma che a livello amatoriale sono inutili;

- Sensore digitale. Le reflex, soprattutto accoppiate ai piccoli rifrattori per fotografare le grandi nebulose della Via Lattea, sono un ottimo strumento, sia per fare esperienza che per scattare belle foto. Quando però si desidera di più, occorre acquistare delle apposite camere digitali, a colori o, meglio, monocromatiche. La qualità del risultato finale è direttamente proporzionale alla difficoltà nell'ottenerlo e non ci sono scorciatoie possibili. Nella fotografia delle galassie, le reflex non possono competere con le apposite camere astronomiche, siano esse CCD o CMOS (diversa architettura dei sensori);

- Autoguida. E qui casca l'asino, perché non c'è modo, neanche alle montature dei più grandi telescopi del mondo, di far seguire correttamente con una precisione inferiore al secondo d'arco una montatura per più di pochi secondi. È quindi necessario acquistare una seconda camera digitale, magari da impiegare anche per la fotografia dei pianeti, adibita a camera di autoguida. Montando un secondo, piccolo telescopio sulla schiena del principale, o acquistando uno strumento chiamato guida fuori asse, dobbiamo fare in modo che questa seconda camera inquadri un campo vicino a quello che vogliamo fotografare e che comunichi la posizione di una stella, detta stella di guida, a un software che provvede a inviare, in tempo reale, delle correzioni alla montatura. Sembra un meccanismo complesso e lo è. Ma è ancora più complicato farlo funzionare a dovere e ottenere immagini puntiformi;

- Pazienza. C'è una lunghissima serie di variabili che devono essere sistemate e funzionare, con tolleranze strettissime, per arrivare a una fotografia decente. Il cielo deve essere scuro, la luna assente, il vento nullo. La montatura deve essere stazionata al polo nord celeste con estrema precisione e la sua meccanica funzionare perfettamente. Il telescopio deve avere gli specchi ben allineati ed essere bilanciato nel modo giusto. Questo dipende criticamente dalla montatura usata. Alcune montature lavorano al meglio se si sbilancia il peso del telescopio leggermente, su entrambi gli assi; altre devono lavorare come se tutto fosse in equilibrio perfetto sulla cruna di un ago. La camera di guida deve comunicare correttamente con il programma sul portatile e bisogna conoscere tanto bene il proprio setup da capire quali sono i migliori parametri di autoguida da impostare. Un piccolo errore, ad esempio nell'aggressività degli impulsi o nell'immissione delle specifiche del telescopio, può fare la differenza tra una guida funzionante e una ballerina. Naturalmente il telescopio principale deve rimanere perfettamente a fuoco – per fortuna ci pensa la maschera di Bahtinov – e bisogna sperare che, quando tutto sembra funzionare, non arrivino le nuvole a rovinare tutto, evento piuttosto frequente.

Fare fotografia a lunga posa degli oggetti del cielo profondo è quindi prima di tutto una sfida con sé stessi, la cui riuscita dipende solo da quanto siamo bravi ad analizzare e risolvere i mille problemi che si presenteranno, prima che tutto possa funzionare a dovere. Quando la sfida tecnica sarà vinta, l'Universo ci ripagherà con quegli straordinari dipinti che abbiamo ammirato nelle pagine precedenti.

La tecnica di acquisizione è simile a quanto visto per il campo largo, con alcune importanti varianti. Si effettuano sempre numerosi scatti, la cui durata dipende dalla luminosità dello strumento, dalla qualità del cielo e dalla sensibilità della fotocamera. Tempi tipici sono tra 2 e 15 minuti; mediamente si parla di 5 minuti per le camere monocromatiche e 10 minuti per quelle a colori. In questo caso si considerano sempre camere astronomiche, sensibili e dotate si un sistema di raffreddamento efficiente che limita il rumore, altrimenti intollerabile. Anche per la camera più sensibile, ottimi risultati si hanno solamente in un modo: accumulando diverse ore di segnale. Non c'è scorciatoia: se si vuole una bella foto il tempo di integrazione deve essere di almeno due ore, ma è meglio raddoppiarlo. Per gli oggetti più deboli, come gli aloni delle galassie o le tenui nebulose, è facile superare le 5 ore. La regola empirica per ottenere un'ottima fotografia è la seguente: avere a disposizione almeno 20-30 scatti singoli da sommare, con un tempo di integrazione totale di almeno 2-3 ore. Fare meno scatti, mantenendo il tempo di integrazione invariato, non consente di attenuare in modo efficiente il rumore introdotto dalla fotocamera. Fare molti più scatti ma troppo brevi fa precipitare i deboli dettagli nel rumore elettronico, impedendo di raggiungere il limite imposto dal cielo e dalla strumentazione.

Oltre agli scatti sul cielo è obbligatorio acquisire i dark frame e un nuovo tipo di immagini di calibrazione: i flat field. L'accoppiata sensore-telescopio produce dei difetti ottici piuttosto fastidiosi, come aloni scuri (polvere) e vignettatura, ovvero caduta di luce ai bordi, impedendo di estrapolare, in fase di elaborazione, tutto il segnale catturato. I flat field sono fotografie, con durata e temperatura scollegate da quelle di luce, fatte a una sorgente luminosa uniforme, ad esempio uno schermo luminescente posto di fronte al telescopio o a un foglio da disegno illuminato da una lampada a led. Il master flat field, media di almeno una decina di scatti singoli con corretta esposizione, verrà applicato dal software di elaborazione, ad esempio Deep Sky Stacker (gratis), Pixinsight, MaxIm DL, Astroart, ai singoli scatti del cielo e consentirà di estrarre in fase di elaborazione tutto il segnale faticosamente raccolto durante la nostra serata.

Sul capitolo elaborazione si potrebbe scrivere un libro (e in effetti l'ho fatto), per questo non mi dilungherò. In generale, la foto da elaborare, frutto della media dei singoli scatti, ognuno corretto con dark frame e flat field, dovrà essere sottoposta a un processo di regolazione delle curve, affinché lo schermo riesca a rendere visibile ai nostri occhi tutte le regioni con differente luminosità, di ritocco di colori e contrasto dei dettagli. Alcune regioni, piuttosto luminose, avranno dettagli minuti da contrastare, mentre quelle più deboli dovranno essere protette altrimenti diventerà visibile un fastidioso rumore. Ma, elaborazione a parte, la qualità dell'immagine si determina in fase di acquisizione, sul campo. Avremo tempo di apprendere con calma la fase di elaborazione; l'importante è aver afferrato parte di quei rarissimi e antichissimi fotoni provenienti dalle più remote regioni dell'Universo. È questo il divertimento della fotografia astronomica.

Appendice

Una lunga serie di fallimenti

Nella prefazione ho scritto che le fotografie esposte in questo libro hanno richiesto qualcosa come oltre 400 ore di tempo di integrazione. Poiché la prefazione di solito non la legge nessuno e di certo non viene ricordata, meglio ripeterlo: le foto mostrate sono solo quelle presentabili. Per amor proprio e dei miei lettori ho deciso di non pubblicare tutti gli anni di tentativi che sono stati necessari per arrivare a dei risultati decenti. Almeno fino a questo momento.

L'autoironia è il miglior rimedio per non farsi avvelenare il sangue dalle comuni, e frivole, sciocchezze della vita di tutti i giorni e denota anche una certa consapevolezza di sé stessi che male non fa. Per questo motivo, in queste pagine conclusive ho deciso di proporre gli errori (e i successi) più significativi della mia carriera di fotografo tra le stelle. Questo alleggerirà sicuramente il discorso e mostrerà a tutti gli appassionati quanto lavoro e dedizione c'è dietro ogni scatto.

Cominciamo allora dall'inizio, dalla prima foto fatta al cielo. Avevo 11 anni e da poco su un piccolo libricino avevo letto che la Luna era la più facile da fotografare, con un tempo di esposizione richiesto inferiore al secondo. Io ero convinto che quel tempo di esposizione fosse il tempo necessario affinché la luce del flash arrivasse fin sulla Luna e tornasse, così con la mia compatta scattai una foto in automatico e rimasi un paio di secondi fermo ad aspettare che la luce tornasse indietro. Bene, ma non benissimo. Eppure quella piccola Luna, per caso, fu impressionata davvero sulla pellicola!

Questa parentesi fortuita non si ripeté più per diversi anni, soprattutto perché cercai di fare foto al telescopio. Nel 1997 tentai di fotografare la cometa Hale-Bopp all'oculare del telescopio e ci riuscii. Peccato che il laboratorio fotografico, pensando che fossero foto venute male, non me le stampò. Però sul negativo la cometa si vedeva. La mostrerei volentieri ma ho perso il negativo. In ogni caso, quella fu la spinta finale per l'inizio della mia avventura astrofotografica.

Un anno dopo, nell'estate del 1998, dopo aver letto qualche altro libro ed essere cresciuto un po' (non molto di statura, a dire il vero) avevo capito cosa mi serviva: qualcosa che non avevo, ovvero una fotocamera a cui si poteva regolare a piacimento l'esposizione. Se avessi avuto indipendenza economica e denaro, avrei comprato una reflex, ma mi sarei sicuramente divertito di meno e non avrei usato l'ingegno. L'unica macchina fotografica della famiglia ce l'aveva mia madre, che per fortuna non usava più molto. Era tutta automatica, quindi non potevo decidere l'esposizione, ma pensai che mettendo un po' di super colla sull'otturatore e lasciandolo perennemente aperto, avrei potuto fregare gli automatismi e fare esposizioni lunghe quanto volevo. Fu un successo.

La mia prima vera fotografia astronomica era una strisciata di Giove nel cielo estivo. Tempo di esposizione di 2 ore, dal terrazzo della casa dei miei nonni, dove ero cresciuto fino a pochi anni prima, e dove il cielo era ancora scuro (ora non più). La mostro orgoglioso come quel giorno in cui ritirai le foto dal fotografo.

Poiché quando qualcosa diventa facile perdo rapidamente interesse, dopo qualche foto in questo modo decisi che era il momento di fare il grande salto, aiutato dal Natale 1998 ormai alle porte. Mi feci regalare 730 mila lire di reflex Pentax. Non so se è una richiesta normale per un ragazzo di 15 anni, ma i miei la assecondarono. Pochi giorni dopo, collegandola al telescopio con un tubo dell'acqua opportunamente tagliato, ottenni la prima foto della Luna: era la cosa più bella che avessi mai visto!

Il 1999 fu l'anno in cui rischiai di far andare in bancarotta i miei genitori. Ora è facile fare milioni di foto e sperare che almeno una sia venuta bene. Con la pellicola la cosa era un po' più complicata e di certo meno economica. Bruciai centinaia di rullini, uno dietro l'altro, per fare i miei tentativi di fotografia, soprattutto a Luna e pianeti, i più facili. Con un rifrattore da 90 mm, su una montatura che ballava anche con il mio respiro, buttai una quantità industriale di foto. Eppure avevo una guida, anzi, la guida per eccellenza, il libro "Fotografia astronomica" di Walter Ferreri.

14 agosto 1998, a sinistra, la prima foto a lunga posa grazie a una fotocamera con l'otturatore incollato. 27 dicembre 1998, a destra, la prima fotografia al telescopio, ottenuta collegando una reflex Pentax al mio rifrattore da 90 mm.

Sbagliavo qualcosa ma non sapevo cosa, anche perché tra il momento di scatto e quello in cui si potevano osservare i risultati passava tanto di quel tempo che mi dimenticavo le impostazioni utilizzate. Dopo tanta perseveranza, però, alla fine arrivò qualche scatto decente in cui si vedevano le due bande di Giove. Il libro di Ferreri diceva che quelle erano già ottime fotografie e io ero felicissimo.

Ora, a distanza di anni, riprendendo in mano molti di quei negativi, mi sono accorto di una cosa agghiacciante: molte fotografie erano venute bene, ma il laboratorio aveva sbagliato la stampa, facendola quasi sempre troppo esposta. Non hanno idea dei traumi che mi hanno causato per almeno 4 anni!

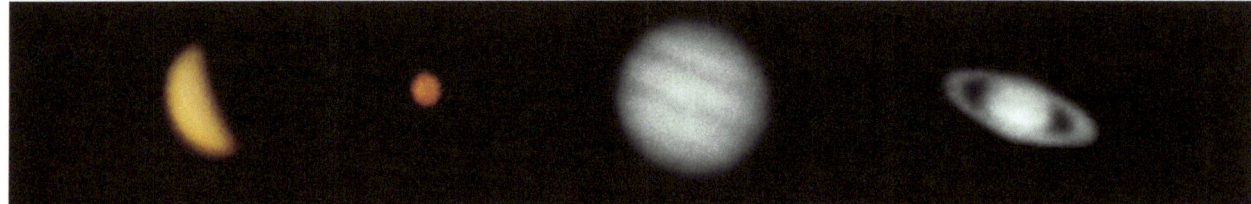

Collage delle migliori immagini dei pianeti brillanti ripresi nel 1999 con il mio rifrattore da 90 mm. Ora fanno ridere, ma questi risultati, dopo centinaia di foto sbagliate, mi sembravano eccezionali.

L'approccio con la fotografia a lunga posa degli oggetti del cielo profondo fu ancora più traumatico. A quei tempi bisognava controllare l'inseguimento a mano, agendo sulla pulsantiera dei motori e traguardando l'immagine di una stella attraverso un oculare con reticolo illuminato. Per 10-15 o più minuti si doveva restare incollati all'oculare, sperando di avere la necessaria sensibilità per fare le giuste correzioni: era una pazzia! E i risultati erano indecenti, a parte qualche scatto a grande campo che, per fortuna, non necessitava di guida.

16 novembre 1998, primi tentativi di fotografia a lunga posa inseguendo le stelle, a mano! Fotocamera automatica modificata, collegata con nastro adesivo alla montatura EQ2 del mio rifrattore da 90 mm. Inseguimento manuale eseguito agendo sui moti micrometrici della montatura e traguardando attraverso un oculare dal forte ingrandimento. A sinistra: salto della fotocamera. Al centro: passaggio di un'auto. A destra, infine, il primo successo! Pose di 5 minuti.

Con molta pratica riuscii, dopo anni e un nuovo millennio, a ottenere delle foto finalmente accettabili. Avevo imparato a ipersensibilizzare le pellicole, arrostendole per ore nel forno della cucina per migliorarne la sensibilità. Come telescopio di ripresa usavo un rifrattore 80-400 (sì, quello visto in qualcuna delle foto del libro!), attaccato con nastro adesivo e filo metallico sulle spalle del rifrattore da 90 mm, il tutto sulla solidissima montatura EQ2. Le correzioni della guida le facevo agendo sulla pulsantiera per l'asse di AR (avevo comprato almeno il motorino per l'inseguimento!) e a mano, muovendo la leva delle regolazioni fini, per l'asse di Dec. I soggetti erano i soliti super fortografati da tutti, ma per me unici: il doppio Ammasso del Perseo, le Pleiadi e Andromeda. Fantastico!

Dopo innumerevoli tentativi, ecco i migliori scatti fatti su pellicola, utilizzando il rifrattore 80-400 in parallelo a un rifrattore 90-910 al quale era applicato un oculare con reticolo illuminato per il controllo manuale dell'inseguimento. Pose di 15 minuti su pellicola da 800 ISO. Si confrontino i risultati ottenuti con il digitale e molta più esperienza. Ottobre 2001.

Il nuovo millennio, iniziato ormai da un paio d'anni, portò con sé la rivoluzione digitale e io provai a cavalcarla, facendo come al solito il passo più lungo della gamba. Comprai una rivoluzionaria webcam, chiamata Philips Vesta Pro, che prometteva miracoli nella fotografia dei pianeti. Peccato che non avessi neanche un computer portatile a cui collegarla, così le mie sessioni planetarie iniziavano con il trasporto del pesante case e del monitor a tubo catodico sul balcone. Il rifrattore da 90 mm, che intanto aveva guadagnato una pesante scheggiatura a una delle lenti del doppietto, non poteva di certo fare miracoli, anche se per me erano già capolavori.

Nell'estate del 2002 mi diedi allo shopping. Rifrattore acromatico da 15 cm f8 (in pratica uno spettroscopio) su montatura EQ5 e camera CCD SBIG ST6, usata, da ben 0.077 milioni di pixel(!), da utilizzare sullo strumento più sbagliato di questo mondo. Continuavo a trasportarmi il computer fisso fin su tetto di casa dei miei nonni, ogni sera serena, per tentare le mie imprese. Nonostante le aberrazioni del telescopio e le vibrazioni della montatura, la differenza con la pellicola era mostruosa.

Prime fotografie digitali. A sinistra, Giove, ripreso il 9 febbraio 2002 con una webcam Philips Vesta Pro e rifrattore 90-910. Somma di 250 frame. Si nota sull'estrema sinistra della banda equatoriale sud la grande macchia rossa. A destra, l'ammasso globulare M2, ripreso nel settembre 2002 con la nuova camera CCD ST6. Due pose da 30 secondi solamente.

La mia prima foto CCD è orribile, ma a quel tempo era per me una rivoluzione. Iniziai quindi a fare foto su foto con quella nuova tecnica che mi evitava di dover fare la guida manuale, e di spendere un patrimonio in sviluppo. Facevo scatti da 60 secondi per qualche decina di minuti, li sommavo, li elaboravo un po' come veniva e finalmente riuscivo a vedere persino le galassie. Le galassie!

A piccoli passi verso fotografie decenti. M13, a sinistra, M51, al centro, e NGC253, a destra, riprese con un rifrattore da 15 cm f8 e camera CCD ST6. Somma di una ventina di pose da 60 secondi per ciascuna immagine. Queste foto sono piene di difetti: molto sottoesposte, utilizzo di uno strumento poco luminoso e con notevole aberrazione cromatica, soprattutto nel vicino infrarosso dove le CCD sono ancora molto sensibili. Mancanza di dark frame e soprattutto flat field. Mi ci vorranno anni per padroneggiare la tecnica e arrivare a risultati soddisfacenti.

Nel 2003, ormai maggiorenne e più consapevole, grazie a libri e riviste divorati con la fame di un leone, decisi di fare il primo salto consapevole. La grande opposizione di Marte era in corso e il rifrattore da 15 cm era inguardabile sia nel planetario che nel deep-sky, così decisi di comprare uno Schmidt-Cassegrain da 235 mm, il mitico C9.25, che mi aprì le porte all'imaging planetario serio. Per diversi anni la mia passione più grande era riprendere alla massima risoluzione i corpi del Sistema Solare. Non si dovevano fare ore di posa, non serviva una montatura costosissima e si ottenevano foto sempre diverse, utili anche alla scienza. Certo, l'inizio, con Marte, non fu dei migliori ma poi, per fortuna, con la pratica ho ottenuto risultati decisamente più decenti.

Le prime fotografie planetarie con il nuovo telescopio da 235 mm di diametro, lo stesso con cui sono state ottenute quasi tutte le immagini planetarie mostrate nel testo. A parte Venere, che mostrava già le nubi, una prima mondiale che mi portò più fango che onore, tutte le altre sono molto lontane da una qualità accettabile.

Nel 2004, finalmente, acquistai la montatura definitiva: EQ6 appena uscita, con motori ballerini (evviva il made in China!) che dovetti sostituire con un sistema GOTO che costava più della montatura stessa. Fu un salasso, ma è lo stesso setup che utilizzo ancora oggi e direi che il costo l'ho ampiamente ammortizzato.

Nel 2005 mi feci regalare da mia madre, pagata in comode rate di due anni, una camera CCD seria, una SBIG ST-7XME, con doppio sensore per l'autoguida e con un sensore principale di livello scientifico. Per anni mi dedicai all'imaging a lunga posa a fini scientifici, imparando la tecnica, soprattutto quegli strani flat field che facevano miracoli, scoprendo un pianeta extrasolare e un paio di stelle variabili. Infine, nel 2010, per qualche anno, mi divertii sul planetario anche con un C14, uno Schmidt-Cassegrain da 350mm di diametro. Il resto è una storia scritta nelle immagini di questo libro.

Fare fotografia astronomica è un continuo susseguirsi di piccole imprese personali. A distanza di anni, riesco ancora a sentire il sapore vivido di ognuna di queste. E ora, che ho scalato la mia gigantesca montagna e completato il mio percorso, mi aspettano altre imprese, esterne all'ambiente della fotografia, ma sempre attinenti a questa meravigliosa materia chiamata astronomia.

Per aspera ad astra!

Bibliografia

Tutti i seguenti libri sono stati scritti dall'autore, quindi sono super consigliati.

Testi di astronomia pratica
- Tecniche, trucchi e segreti della fotografia astronomica. *Amazon-Createspace 2015*
- Come rilevare esopianeti con il proprio telescopio *Amazon 2014.*
- Astronomia amatoriale 2.0: idee originali per osservare e fotografare il cielo. *Amazon 2014*
- Che spettacolo, ho visto Saturno! Guida del cielo per giovani e adulti. *Amazon 2013.*
- Tecniche, trucchi e segreti dell'imaging planetario: Il manuale completo per riprendere in alta risoluzione i corpi del Sistema Solare. *Amazon-Createspace 2013*
- Sotto il magnifico cielo d'Australia: Diario di viaggio nell'Australia tra natura, lo spettacolo del cielo australe e l'eclisse totale di Sole. *Amazon-Createspace 2013*
- Astronomia per tutti: 12 volumi di astronomia pratica e teorica. *Amazon-Createspace 2013*
- La mia prima guida del cielo: Mappe, miti e oggetti da osservare delle costellazioni visibili dall'Italia. *Lulu 2012*
- Astrofisica per tutti: scoprire l'Universo con il proprio telescopio. *Lulu 2012*
- L'Universo in 25 centimetri: tutto quello che è possibile fare con una camera planetaria e un telescopio amatoriale. *Springer 2011*
- Primo incontro con il cielo stellato: Il manuale più completo per avvicinarsi all'osservazione consapevole del cielo. *Lulu 2011*

Testi di astronomia teorica
- La straordinaria bellezza dell'Universo. Viaggio nelle meraviglie e nei misteri dell'Universo grazie a splendide fotografie a colori. *Amazon-Createspace 2016*
- La spettacolare vita delle stelle. Astronomia per ragazzi. *Amazon-Createspace 2015.*
- Vita nell'Universo: eccezione o regola? Viaggio nello spazio alla ricerca di eventuali forme di vita extraterrestri. *Amazon-Createspace 2013*
- Volando sulla Luna: Esplorare il nostro satellite con un telescopio amatoriale. Decine di immagini amatoriali della Luna ottenute con il mio telescopio e una panoramica sull'osservazione e l'esplorazione del nostro vicino di casa. *Amazon 2013*
- Nella mente dell'Universo: Viaggio attraverso le incredibili proprietà della Natura e la stupefacente genialità degli esseri umani. *Lulu 2012*
- 125 domande e curiosità sull'astronomia. *Amazon 2013*
- Sulle spalle di un raggio di luce: domande di astronomia di un bambino che osserva il cielo con suo padre. *Lulu 2012*
- Conoscere, capire, esplorare il Sistema Solare: Misteri, meraviglie e speranze nella straordinaria avventura dell'osservazione e dell'esplorazione del nostro vicinato cosmico. *Lulu 2012*
- Galassie: proprietà, formazione ed evoluzione dei mattoni dell'Universo. *Lulu 2011*

Altri testi
- Ora il mondo saprà tutto. Romanzo di (fanta)scienza e avventura a tema astronomico. Amazon 2013
- Elettrostatica: Proprietà e grandezze associate ai campi elettrostatici. *Lulu 2011.*

Biografia

Daniele Gasparri,
Laurea triennale in astronomia e laurea magistrale in astrofisica e cosmologia all'università di Bologna, divulgatore scientifico di professione, è nato il 24 agosto 1983 nella campagna Umbra tra Perugia e Terni.

La passione per il cielo è sbocciata in occasione del suo decimo compleanno, quando ha ricevuto per regalo un binocolo astronomico. Da quel momento l'astronomia ha rappresentato gran parte della sua vita e condizionato tutte le scelte più importanti.

Ha collaborato dal 2007 al 2015 con la rivista di astronomia Coelum. Al suo attivo ha oltre 100 articoli e alcune pubblicazioni su riviste internazionali divulgative e accademiche (*Sky and Telescope*, *Astronomy and Astrophysics*).

È stato il primo al mondo a scoprire un pianeta extrasolare con strumentazione amatoriale (HD17156b) e a separare, insieme all'astrofilo Antonello Medugno, la coppia Plutone-Caronte.

È un fotografo del cielo che ama viaggiare nei posti più sperduti del Pianeta per ammirare i tesori dell'Universo, come le aurore boreali e l'incontaminato cielo dell'emisfero australe.

La passione per la divulgazione lo porta spesso a tenere corsi di astronomia, conferenze e serate pubbliche.

È stato consigliere dell'UAI, l'Unione Astrofili Italiani, e presidente dell'associazione astrofili Paolo Maffei di Perugia. Inoltre, come si sarà notato, ama scrivere libri. Questo è il suo 34 esimo, facendo di lui il divulgatore under 40 più prolifico d'Italia.

www.ingramcontent.com/pod-product-compliance
Lightning Source LLC
Chambersburg PA
CBHW051152220526
45473CB00003B/741